新疆县级综合气象观测业务指导丛书

大气成分观测业务指导手册

郭凤娟　孙志于　主编

气象出版社
China Meteorological Press

内容简介

本书为新疆县级综合气象观测站网大气成分观测业务指导手册，共分为大气本底观测与酸雨观测两大部分。大气本底观测篇介绍了观测组织工作、温室气体、气溶胶类观测、反应性气体、臭氧总量、干湿沉降、样品保存、职责分工及数据获取等方面的规定、操作流程及注意事项。酸雨观测篇从人工与自动酸雨观测两个方面详细介绍，重点介绍了酸雨观测报文编发、观测系统的原理、维护要求与维修技术总结等内容。本书对于新疆气象观测站网中的大气本底观测和酸雨观测业务有很强的指导性，适合大气成分观测业务人员阅读参考。

图书在版编目（CIP）数据

大气成分观测业务指导手册 / 郭凤娟，孙志于主编. 北京 : 气象出版社，2024. 10. -- ISBN 978-7-5029-8343-7

Ⅰ. P421.3-62

中国国家版本馆 CIP 数据核字第 2024AU1203 号

大气成分观测业务指导手册

Daqi Chengfen Guance Yewu Zhidao Shouce

出版发行：气象出版社
地　　址：北京市海淀区中关村南大街 46 号　　**邮政编码**：100081
电　　话：010-68407112（总编室）　010-68408042（发行部）
网　　址：http://www.qxcbs.com　　**E-mail**：qxcbs@cma.gov.cn
责任编辑：胡育峰　颜娇珑　　**终　　审**：张　斌
责任校对：张硕杰　　**责任技编**：赵相宁
封面设计：艺点设计
印　　刷：北京中石油彩色印刷有限责任公司
开　　本：787 mm×1092 mm　1/16　　**印　　张**：7.25
字　　数：190 千字
版　　次：2024 年 10 月第 1 版　　**印　　次**：2024 年 10 月第 1 次印刷
定　　价：35.00 元

“新疆县级综合气象观测业务指导丛书”
总编委会

《大气成分观测业务指导手册》
编委会

丛书序

新疆维吾尔自治区（简称新疆）位于欧亚大陆腹地、祖国西北边陲，面积 166.49 万 km^2，占中国国土总面积的六分之一，是中国气象事业和世界天气监测网的重要组成部分。新疆自然地貌独特，境内山脉、盆地相间，地势高差悬殊；冰山、沙漠、草原、河流错落，自然环境迥异，是气象灾害及其次生灾害的频发、重发区，也是我国主要天气系统的上游区。因此，做好新疆气象工作对新疆乃至全国的经济社会发展、防灾减灾、生态环境建设等都具有十分重要的意义。

近年来，在中国气象局的大力支持下，新疆气象部门建成了自动观测站 3000 余个、天气雷达 42 部，进一步完善了卫星、垂直探测、大气成分等新型观测设备站网布局，提高了观测自动化和智能化水平，陆空天一体化协同高效的精密监测系统已初步形成。为提升新疆综合气象观测业务质量，充分发挥新型观测装备效益，新疆维吾尔自治区气象局深入贯彻落实习近平总书记关于气象工作重要指示精神，以《气象高质量发展纲要（2022—2035 年）》为行动指南，聚焦精密监测，加快推进气象科技能力现代化和社会服务现代化，重点围绕业务、技术和县级综合气象业务人员队伍建设等，研讨发展思路和创新经验做法，组织编写了“新疆县级综合气象观测业务指导丛书”（以下简称丛书），对新疆气象综合观测业务系统进行了一次全面梳理。丛书在结合国内外先进气象观测技术和经验的基础上，充分考虑了新疆综合气象观测业务特点和实际需求，通过大量典型案例分析，帮助一线业务人员更好更快地理解业务知识，掌握操作技能，解决日常业务工作中遇到的问题。丛书内容丰富、条理清晰、实用性强，对新疆综合观测业务具有很强的指导意义和参考价值。

“新疆县级综合气象观测业务指导丛书”是新疆全体综合气象观测工作人员智慧与汗水的结晶，凝聚了众多综合气象观测领域一线业务骨干和技术专家的心血。衷心希望丛书能帮助广大一线综合气象观测业务人员和科研人员提高业务水平与科研能力，为提升新疆综合气象观测业务质量，培养一线观测人才发挥积极作用。

新疆维吾尔自治区气象局党组副书记、局长 崔彩霞

2024 年 8 月

丛书前言

气象监测系统是气象工作的基础，是气象事业的立业之基、立足之本，是预报精准、服务精细的支柱，是气象防灾减灾第一道防线的前哨。为贯彻落实《气象高质量发展纲要（2022—2035 年）》，推进气象科技能力现代化和社会服务现代化，新疆维吾尔自治区气象局全力提升综合气象观测能力和水平，初步形成以国家天气、气候及气候变化、专业气象和空间气象观测网为基础的陆空天一体化协同高效的精密监测系统。面对新型气象业务技术体制改革的新形势，新疆维吾尔自治区气象局组织区、地、县三级业务技术骨干精心编写“新疆县级综合气象观测业务指导丛书”（以下简称丛书）。丛书旨在全力保障综合气象观测业务长期稳定运行，推动新疆维吾尔自治区综合气象观测高质量发展。

丛书由地面气象观测、高空气象观测、天气雷达与气象卫星观测、大气成分观测、农业气象观测 5 册组成，内容涵盖新疆综合气象观测业务各个方面。《地面气象观测业务指导手册》介绍了地面气象观测中的新设备、新技术、新平台的原理、结构、应用和工作流程；增加新型、智能自动气象观测设备的维护维修、故障处理与典型案例分析等内容。《高空气象观测业务指导手册》介绍了常规高空气象探测、卫星导航观测系统和地基遥感垂直观测系统的“硬件＋软件”组成结构、工作原理、数据传输流程和故障诊断等内容。《天气雷达与气象卫星观测业务指导手册》详细阐述了新疆天气雷达与气象卫星观测业务概况、设备组成、观测流程、质量控制等内容。《大气成分观测业务指导手册》分大气本底观测业务与酸雨观测业务两部分，介绍了大气本底观测项目、业务范围、值班流程及注意事项，着重分析了自动酸雨观测系统原理、设备维护与维修典型案例等内容。《农业气象观测业务指导手册》从棉花、玉米、小麦、自然物候、畜牧几个方面介绍了各类物种的观测方法、流程以及记录方法，各类农业及相关观测项目的应用软件、报表制作、应急处置等内容。

丛书密切联系新疆综合气象观测业务运行实际，充分考虑新疆综合气象观测发展趋势和发展需求。丛书内容全面系统，凝聚了各方面的辛勤付出和智慧奉献。由于编者水平有限，书中不足之处，欢迎广大读者批评指正。

丛书总编委会

2024 年 8 月

前　言

随着综合气象观测自动化、智能化的发展，大气成分观测方式也发生着巨大变化，一些观测要素已由原来的人工观测转为自动观测，一些自动观测项目的观测技术和设备也转为更智能的自动观测。许多新方法、新技术在大气成分气象观测业务中得到广泛应用，现有观测规定及规范从内容完整性、业务指导性、技术适应性等方面已不能满足县级大气成分气象观测的发展要求。大气成分气象观测的重心逐步向数据质量控制，气象观测设备维护、维修及核查标校等方向转变，同时还要兼顾一些人工观测项目。大气成分气象观测业务日益集约化的发展对县级综合气象观测员的业务水平提出更高要求，由于台站气象队伍日益年轻化，气象观测经验不足，又缺乏综合性、系统性的学习资料，各种相关的观测规范资料内容冗杂，不便于学习，因此亟须系统梳理适用于新疆大气成分气象观测业务实际的业务流程，并结合气象观测员多年的宝贵经验，使大气成分观测业务流程规范化、程序化。为此，本手册编写组根据大气成分气象观测的发展需求，坚持“兼顾历史、立足当下、面向未来”的编写原则，广泛收集整理资料，反复论证修改，多方征求意见，对大量的相关规范和资料进行精简和凝练，完成了“新疆县级综合气象观测业务指导手册”丛书中《大气成分观测业务指导手册》的编写。

《大气成分观测业务指导手册》根据新疆气象观测站网分类分为大气本底观测业务篇和酸雨观测业务篇。大气本底观测业务篇共分 14 个章节，包括总则及温室气体的观测，气溶胶类观测，反应性气体观测，臭氧总量，干湿沉降，样品保存、运输与分析，大气本底站职责分工，观测项目，数据获取，数据文件命名规则，数据传输及处理，运行保障，大气成分观测业务案例分析的内容。酸雨观测业务篇共分 7 个章节，包括总则及观测场地与实验室，岗位职责与规章制度，降水样品采集及测量，酸雨报文编发与数据文件，酸雨观测系统原理及维护，仪器设备故障维修技术总结的内容，主要适用于新疆县级所有酸雨台站的酸雨自动和人工观测业务。随着观测业务的发展，后续将进一步修订和完善。

《大气成分观测业务指导手册》在编写过程中，征集了来自各级专家和业务人员的意见及建议，在此谨向提供帮助和支持的专家及有关人员表示衷心的感谢。

作者

2024 年 8 月

目　录

酸雨观测业务篇

大气本底观测业务篇

第1章 大气本底观测业务总则

大气本底观测业务的主要目标是系统、连续地监测大气中的基础化学成分及其变化趋势，获取反映大气环境背景状态的长期、高质量观测数据。这些数据对于研究大气环境演变规律、评估全球气候变化、制定环境保护政策以及预测未来气候变化趋势具有重要意义。通过大气本底观测，可以为全球气候变化研究和应对提供科学依据，服务于国家的可持续发展战略。

1.1 观测的分类

大气本底观测业务，是为长期、准确地获取全球或区域大气成分本底变化基础数据资料而开展的观测业务。开展大气本底观测业务的台站主要包括全球大气本底站和区域大气本底站。

1.2 时制、日界和对时

1.2.1 时制

大气成分观测采用世界时，地面气象要素观测的时制按《地面气象观测规范》执行。

1.2.2 日界

大气成分观测以世界时00时为日界。地面气象要素的日界按《地面气象观测规范》执行。

1.2.3 对时

大气成分观测台站的观测时钟采用世界时。每日世界时11时正点检查仪器、采集器及计算机时钟，当与标准时相差大于30 s时，在正点后按规定的操作方法进行调整。

第 2 章　温室气体的观测

温室气体指大气中具有吸收红外辐射的微量气体，主要包括二氧化碳（CO_2）、甲烷（CH_4）、氧化亚氮（N_2O）、六氟化硫（SF_6）、氟氯烃和水汽（H_2O）等。温室气体的存在对于全球气候的形成演变具有重要的影响，人为排放的各类温室气体导致全球范围内温室气体的浓度升高，是导致全球变暖的原因之一。

温室气体浓度的观测是大气成分观测的重要内容，其观测范围包括二氧化碳、甲烷、氧化亚氮、六氟化硫、氟氯烃的大气浓度。

2.1　二氧化碳（CO_2）浓度

大气二氧化碳浓度为二氧化碳摩尔数与同体积内全部气体分子摩尔数之比，用“百万分之一”（ppm，10^{-6}或 μL/L）表示，取 2 位小数。

二氧化碳是大气中含量最多的温室气体，大气二氧化碳浓度有较明显的季节变化，夏季较低，冬季较高；在下垫面源汇变动较明显的陆地地区也有不同程度的日变化；在人类持续排放的影响下，全球大气二氧化碳的平均增长率约为 1.5～2.0 ppm/a。

2.1.1　测量方法

2.1.1.1　现场采样-实验室分析方法

使用硬质玻璃瓶、不锈钢罐等作为现场采样的采样容器。采样前，采样容器应抽成0.1 Pa以下的真空，处理后充满高纯氮气（纯度＞99.999%）保存。在采样现场，利用空气泵，将环境空气压入瓶（罐）内，置换出高纯氮保护气体，并压至规定的压力，完成环境空气样品的采集。

在实验室里，可应用色谱分离-火焰离子化检测器测定法（GC－FID）、非散射红外测定方法（NDIR）、光腔衰荡光谱测定法（CRDS）、离轴积分腔输出光谱测定法（ICOS）、傅里叶红外光谱吸收测定法（FTIR）等测定样品中的二氧化碳浓度。

（1）色谱分离-火焰离子化检测器测定法

原理：利用色谱柱分离原理将二氧化碳从进样气体中分离出来，经催化转化器还原成甲烷，由火焰离子化检测器对二氧化碳进行定量测定。

系统构成：低温除水装置、定量进样单元、气相色谱分离单元、催化转化器、火焰离子化检测器、载气及辅助气体、标准气系列、数据采集记录单元。

单个样品测量周期：小于 20 min。

(2)非散射红外测定方法

原理:在二氧化碳的特征吸收谱段内,气体样品对透过红外光的吸收消光与样品中二氧化碳浓度关系符合郎伯-比尔定律。据此,利用一束红外光线同时照射气体样品和参比样品,根据两者对红外光线吸收的相对强度,测定气体样品中的二氧化碳浓度。

系统构成:低温除水装置、样品进样控制单元、非散射红外气体分析仪、标准气系列、数据采集记录单元。

单个样品测量周期:<10 min。

(3)光腔衰荡光谱测定法

原理:向一个由极高反射率镜面构成的闭合反射腔体内照射激光脉冲,在二氧化碳的吸收消光作用下,腔体内的激光脉冲光束强度呈指数衰减,其衰减时间常数与二氧化碳浓度有关。根据腔体内激光脉冲强度衰减时间常数与二氧化碳浓度的对应关系,快速测定气体样品中的二氧化碳浓度。

系统构成:低温除水装置、样品进样控制单元、光腔衰荡光谱分析仪、标准气系列、数据采集记录单元。

单个样品测量周期:<10 min。

2.1.1.2 在线连续分析方法

利用空气泵连续采集环境空气样品,经过低温除水后,应用色谱分离-火焰离子化检测器测定法、非散射红外连续测定方法、光腔衰荡测定法、离轴激光吸收测定法、傅里叶红外光谱吸收测定法等,可连续测定样品中的二氧化碳浓度。

(1)色谱分离-火焰离子化检测器测定法

系统构成:进气管线、低温除水装置、定量进样单元、气相色谱分离单元、催化转化器、火焰离子化检测器、载气及辅助气体、标准气系列、数据采集记录单元。

测量频率:>1 次/20 min。

(2)非散射红外测定方法

系统构成:进气管线、低温除水装置、样品进样控制单元、非散射红外气体分析仪、标准气系列、数据采集记录单元。

测量频率:>1 次/min。

(3)光腔衰荡光谱测定法

系统构成:进气管线、低温除水装置、样品进样控制单元、光腔衰荡光谱分析仪、标准气系列、数据采集记录单元。

测量频率:>1 次/s。

2.1.2 仪器安装、使用和维护要求

2.1.2.1 现场采样

(1)采样点

可选择从在线连续测量系统进气管线的旁路上采集,也可选择在开阔平坦的室外地点采集样品。在在线连续测量系统进气管线的旁路上采集时,应选择在进气管线的正压段连接采样旁路。在室外地点采集时,采样点应选在观测站建筑物及其他设施上风方向,附近地形应较

为开阔、平坦，上风方向没有污染或存在可能影响进气口气流的地形。

(2)安装

将采样瓶(罐)安装到采样器后，紧固好连接部件，再按照规定要求连接好进气管线。

在室外地点采集时，应在观测室内安装采样瓶，并适当紧固，将采样器连同采样瓶一起搬到室外采样地点，平稳放置，再次确认采样瓶的连接紧固后，升起采样管，按要求进行采样。应尽量避免将样品瓶直接暴露在强烈阳光下，安装好采样瓶后应及时合上采样器的内盖。

(3)样品采样和记录

① 每次采集1对平行样品。

② 应在13时30分—14时30分的时间段内，风速大于2 m/s，无降水、沙尘等天气的条件下采样。在室外地点采样时，由于采样管高度较低，人员应从下风方向接近和操作采样器，并屏住呼吸。

③ 全面、准确、详细记录采样信息，包括站名、站号、采样瓶瓶号及采样日期、采样时间、电池电压、流量、压力等，并记录采样过程中的天气条件、污染活动和其他相关信息等。

④ 采样期间，应随时查看采样流量是否稳定，注意观察是否有不正常的噪音或声响，检查电池供电情况，如有异常情况，及时处理。

(4)样品(瓶、罐)保存和运输

① 采样瓶(罐)应放在专用包装箱内保存和运输。

② 应在室内环境条件下保存采样瓶(罐)，避免剧烈震动和急剧的温度变化。保存过程中，注意保护采样瓶(罐)的各类标识、采样记录单和相关附件的完好。

③ 应按照规定的渠道，定期向国家级业务单位寄送采样瓶及相关记录。运输过程中避免挤压、碰撞等导致采样瓶破碎；专用包装箱外粘贴明显“易碎物品”“向上”“怕雨”等标志。

(5)维护

采样器应放在清洁干燥的室内保存，注意防止灰尘、昆虫等进入采样器。采样器内部电瓶的充电时间一般以24 h为宜，即采样前1～2 d充电。

2.1.2.2 在线连续观测

(1)安装

① 除进气管线外，全部设备应安装在室内。

② 观测室内的各测量仪器单元和数据采集记录单元等应集中安装在标准机柜中或工作台上，放置在有温度控制的观测室内，全年温度变化范围为15～30 ℃，日温度变化幅度不大于5 ℃。

③ 色谱分离-火焰离子化检测器测定法的各测量仪器单元包括：低温除水装置、定量进样单元、气相色谱分离单元、催化转化器、火焰离子化检测器。

④ 非散射红外测定方法的各测量仪器单元包括：低温除水装置、样品进样控制单元、非散射红外气体分析仪。

⑤ 光腔衰荡光谱测定法的各测量仪器单元包括：低温除水装置、样品进样控制单元、光腔衰荡光谱分析仪。

⑥ 标准气钢瓶应放置在与上述设备同一观测室内，稳妥固定于墙面或机柜(工作台)侧面，防止翻倒。标准气钢瓶上安装二级高精度减压阀，且各减压阀固定，不可混用。

⑦ 应使用−50 ℃或以下的超低温冷阱去除进样空气中的水汽。

⑧ 抽气泵及色谱用载气、辅助气钢瓶等应放置于通风散热良好、无强烈直射阳光的气泵室、气瓶室，氢气钢瓶或其他可燃气体(可燃成分含量低于燃爆比例的除外)应放置在单独的气瓶室，与其他气瓶分开，且配备必要的防火设施和防火标志。气相色谱系统的载气应配备脱水、脱烃过滤器。

⑨ 进气管线应采用不锈钢或专用的金属-塑料复合管线，进气口处应有防虫和防尘过滤膜，抽气泵之前应安装 7 μm 孔径的粒子过滤器。采样管的进气口应超出下垫面冠层，距地表高度宜为 50～80 m。

⑩ 系统各部件间的气路联接应紧密、无漏气。安装高度和间隙应方便操作和维护，并有利于仪器散热。

⑪ 观测仪系统专用工作软件的安装应按有关要求进行。

⑫ 系统应配备 220 V 不间断电源。

(2)运行和维护要求

① 为保证系统的稳定性，正式运行前，开机预热的时间不应少于 6 h。

② 当有可能影响观测数据的情况出现时，应认真记录。

③ 应随时巡视并检查仪器运行状况(包括检查标准气的压力、冷阱温度及流量计的流速)，检查数据采集与传输情况，认真填写值班记录。

④ 当任何一个标准气钢瓶的压力低于 500 psi 时，必须立即更换。更换冷阱管的时间应在整点过后 10 min 内完成。

⑤ 每 2 个月对冷阱仪内的酒精进行补充或更换，如内部冷凝情况严重则须更换。每 3 个月应至少对采样泵进行一次清洁和维护。每 6 个月应用更高级别的标准气对站标准气进行一次标校。每 6 个月对系统进行一次常规检查和维护(包括检漏、流量检查等)。每年应检查和更换采样进气管线的抽气泵泵膜。每年应至少对采样管路进行一次清洗；更换一次采样口除水、防虫过滤头。在线连续观测其他运行维护要求见表 2.1。

表 2.1 在线连续观测其他运行维护要求

测量方法	相关要求
NDIR	每周需要使用站标准气对工作标准气进行标校；每两年应用更高级别的标准气对站标准气进行标校
GC-FID	每日至少进行一次系统检查，包括进气流量、色谱控制、多口阀状态、温度设置、峰型、数据状态等
CDRS	每日至少进行一次系统检查，包括进气流量、多口阀状态、数据状态等；每 6 个月对仪器前、后部过滤膜进行清洗。每年应更换内置抽气泵泵膜

2.2 甲烷(CH_4)浓度

大气甲烷浓度为甲烷摩尔数与同体积内全部气体分子摩尔数之比，用“10 亿分之一”(ppb、10^{-9}或 nL/L)表示，取 1 位小数。

大气甲烷浓度只有 1700～2100 ppb，比二氧化碳低近 200 倍，但是同样浓度的甲烷增温潜势比二氧化碳大 20 倍，全球大气甲烷浓度升高对全球变暖的贡献率大约为 20%。甲烷还是大气中最重要的化学活性含碳化合物，影响大气化学过程，从而对环境造成重大影响。

2.2.1 测量方式

2.2.1.1 现场采样-实验室分析方法

使用硬质玻璃瓶、不锈钢罐等采集甲烷的方法与2.1.1.1中相应的采样方法相同。

在实验室里，应用色谱分离-火焰离子化检测器测定法、光腔衰荡激光测定法、离轴激光吸收测定法、傅里叶红外光谱吸收测定法测定样品中的甲烷浓度。

2.2.1.2 在线连续分析方法

利用空气泵连续采集环境空气样品，经过低温除水后，应用色谱分离-火焰离子化检测器测定法、光腔衰荡光谱测定法、离轴积分腔输出光谱测定法、傅里叶红外光谱吸收测定法等测定样品中的甲烷浓度。

2.2.2 仪器安装、使用和维护要求

2.2.2.1 现场采样

采样点、现场采样设备安装、样品采集和记录、样品（瓶、罐）保存运输、设备维护等，均与2.1.2.1相同。

2.2.2.2 在线观测

安装、运行和维护要求均与2.1.2.2相应部分相同。

2.3 氧化亚氮(N_2O)浓度

大气氧化亚氮浓度为氧化亚氮摩尔数与同体积内全部气体分子摩尔数之比，用“10亿分之一”(ppb、10^{-9}或nL/L)表示，取1位小数。

氧化亚氮的大气本底浓度比二氧化碳低3个数量级，但是具有较长的大气寿命和较高的增温潜势，因而全球大气氧化亚氮浓度升高对全球变暖的贡献率大约为6%。在平流层中，氧化亚氮在光化学作用下分解转化，对平流层臭氧有损耗作用。

2.3.1 测量方法

2.3.1.1 现场采样-实验室分析方法

使用硬质玻璃瓶、不锈钢罐等采集氧化亚氮的方法与2.1.1.1中相应的采样方法相同。

在实验室里，应用色谱分离-电子捕获检测器测定法、光腔衰荡光谱测定法、离轴积分腔输出光谱测定法、傅里叶红外光谱吸收测定法等测定样品中的氧化亚氮浓度。

2.3.1.2 在线连续分析方法

利用空气泵连续采集环境空气样品，经过低温除水后，应用色谱分离-电子捕获检测器测定法、光腔衰荡光谱测定法、离轴积分腔输出光谱测定法、傅里叶红外光谱吸收测定法等测定

样品中的氧化亚氮浓度。

色谱分离-电子捕获检测器测定法：

系统构成：进气管线、低温除水装置、定量进样单元、气相色谱分离单元、电子捕获检测器、载气及辅助气体、标准气系列、数据采集记录单元。

测量频率：>1次/20 min。

其他测定法的系统构成与2.1.1.2中相应部分相同。

2.3.2 仪器安装、使用和维护要求

2.3.2.1 现场采样

采样点、现场采样设备安装、样品采集和记录、样品（瓶、罐）保存运输、设备维护等，均与2.1.2.1相同。

2.3.2.2 在线连续观测

安装、运行和维护要求均与2.1.2.2相应部分相同。

2.4 六氟化硫(SF_6)浓度

大气六氟化硫浓度为六氟化硫摩尔数与同体积内全部气体分子摩尔数之比，用“万亿分之一”(ppt、10^{-12}或pL/L)表示，取2位小数。

大气中六氟化硫的唯一来源是人为排放，与其他温室气体相比，六氟化硫的大气浓度很低，但是却以0.2 ppt/a的速率持续增长，相对增长较快，并且大气寿命很长，增温潜势极大。六氟化硫在对流层大气中极为稳定，不受化学和生物过程的影响，是大气传输-混合-通量过程模式研究的优异示踪物。

2.4.1 测量方法

2.4.1.1 现场采样-实验室分析方法

使用硬质玻璃瓶、不锈钢罐等作为现场采样的采样容器。采样前，采样容器应抽成0.1Pa以下的真空，处理后充满高纯氮气（纯度>99.999%）保存。在采样现场，利用空气泵，将环境空气压入瓶（罐）内，置换出高纯氮保护气体，并压至规定的压力，完成环境空气样品的采集。

在实验室里，应用色谱分离-电子捕获检测器测定法、气象色谱-质谱联用法(GC-MS)测定样品中的六氟化硫浓度。

2.4.1.2 在线连续分析方法

利用空气泵连续采集环境空气样品，经过低温除水后，应用色谱分离-电子捕获检测器测定法、气象色谱-质谱联用法测定样品中的六氟化硫浓度。

色谱分离-电子捕获检测器观测系统，利用色谱柱分离原理将六氟化硫从进样气体中分离出来，由电子捕获检测器进行定量测定。气象色谱-质谱联用分析系统利用色谱柱分离原理将六氟化硫从进样气体中分离出来，由质谱检测器进行定量测定。

2.4.2 仪器安装、使用和维护要求

2.4.2.1 现场采样

采样点、现场采样设备安装、样品采集和记录、样品(瓶、罐)保存运输、设备维护等,均与2.1.2.1相同。

2.4.2.2 在线连续观测

安装、运行和维护要求均与2.1.2.2相应部分相同。

2.5 氟氯烃浓度

氟氯烃是卤素元素(如:氟、氯)部分或全部替代烃类化合物中的氢元素后形成的化合物,种类繁多,也俗称为氟利昂(freon)。根据替代方式的不同,可细分为氢氟化碳(hydrofluorocarbon,HFCs,部分氢元素被氟元素替代的烃类)、氢氯氟烃(hydrofluorochlorocarbon,HCFCs,部分氢元素被氟、氯元素替代的烃类)、氟氯碳化合物(fluorochlorocarbon,CFCs,氢元素被氟、氯元素完全替代的烃类)、全氟化合物(perfluorocarbon,PFCs)等。

大气中某种氟氯烃的浓度为该氟氯烃摩尔数与同体积内全部气体分子摩尔数之比,用“万亿分之一”(ppt、10^{-12}或pL/L)表示,取2位小数。

氟氯烃的唯一来源是人类排放,其中制冷剂来源的量最大。氟氯烃的大气寿命很长,具有很强的温室效应,在平流层大气中氟氯烃的分解能强烈地导致臭氧损耗。

2.5.1 测量方法

2.5.1.1 现场采样-实验室分析方法

使用不锈钢罐等作为现场采样的采样容器。采样前,采样容器应抽成0.1 Pa以下的真空,处理后充满高纯氮气(纯度>99.999%)保存。在采样现场,利用空气泵,将环境空气压入瓶(罐)内,置换出高纯氮保护气体,并压至规定的压力,完成环境空气样品的采集。

在实验室里,应用色谱分离-电子捕获检测器测定法、色谱分离-质谱检测器测定法测量分析法测定样品中多种氟氯烃的浓度。

(1)色谱分离-电子捕获检测器测定法

原理:利用色谱柱分离原理将氟氯烃从进样气体中逐一分离出来,由电子捕获检测器进行定量测定。

系统构成:低温除水装置、定量进样单元、气相色谱分离单元、电子捕获检测器、载气及辅助气体、标准气系列、数据采集记录单元。

单个样品测量周期:小于60 min。

分析物种数目:不少于10个。

(2)色谱分离-质谱检测器测定法

原理:利用色谱柱分离原理将氟氯烃从进样气体中逐一分离出来,由质谱检测器进行定量测定。

系统构成：低温除水装置、定量进样单元、气相色谱分离单元、质谱检测器、真空泵单元、载气及辅助气体、标准气系列、数据采集记录单元。

单个样品测量周期：小于 60 min。

分析物种数目：不少于 10 个。

2.5.1.2 在线连续分析方法

利用空气泵连续采集环境空气样品，经过低温除水后，应用色谱分离-电子捕获检测器测定法、色谱分离-质谱检测器测定法连续测定样品中多种氟氯烃的浓度。

(1)色谱分离-电子捕获检测器测定法

系统构成：进气管线、低温除水装置、定量进样单元、气相色谱分离单元、电子捕获检测器、载气及辅助气体、标准气系列、数据采集记录单元。

测量频率：>1 次/60 min。

(2)色谱分离-质谱检测器测定法

系统构成：进气管线、低温除水装置、定量进样单元、气相色谱分离单元、质谱检测器、真空泵单元、载气及辅助气体、标准气系列、数据采集记录单元。

单个样品测量周期：小于 60 min。

分析物种数目：不少于 10 个。

2.5.2 仪器安装、使用和维护要求

① 除进气管线外，全部设备应安装在室内。

② 观测室内的各测量仪器单元和数据采集记录单元等应集中安装在标准机柜中或工作台上，放置在有温度控制的观测室内，全年温度变化范围为 20±2 ℃。

第 3 章　气溶胶类观测

3.1　概述

大气气溶胶是指悬浮在大气中由固态和液态微粒共同组成的多相体系。实际工作中，也将大气中粒径小于 100 μm 的悬浮固态或液态微粒称为气溶胶。大气中气溶胶的来源极其多样，化学组成复杂，通常的气溶胶分类包括：沙尘气溶胶、碳气溶胶（元素碳 EC，Elemental Carbon；有机碳 OC，Organic Carbon）、硫酸盐气溶胶、硝酸盐气溶胶、铵盐气溶胶和海盐气溶胶。

为了精确地描述大气气溶胶物理化学性质的时空变化，评估和研究气溶胶的气候、生态、环境效应，需要对大气气溶胶的物理特性、化学特性、光学特性等进行测量。测量内容一般包括：气溶胶的质量浓度、数浓度及粒径分布、气溶胶单颗粒的形态等物理特性参数；气溶胶的元素组成、可溶性离子成分的组成、碳质成分的组成等化学特性参数；气溶胶的光学吸收系数、光学散射系数、总消光（如：光学厚度）等光学特性参数。

3.2　质量浓度

气溶胶质量浓度是单位体积大气中所含气溶胶的质量，单位为“毫克每立方米”（mg/m^3），取 4 位小数；或“微克每立方米”（$\mu g/m^3$），取 1 位小数。

根据测量粒径范围的不同，气溶胶质量浓度分别被具体称为：

总悬浮颗粒物（TSP）质量浓度：空气动力学粒径≤100 μm 的气溶胶总质量浓度。

可吸入颗粒物（PM_{10}）质量浓度：空气动力学粒径≤10 μm 的气溶胶总质量浓度。

细颗粒物（$PM_{2.5}$）质量浓度：空气动力学粒径≤2.5 μm 的气溶胶总质量浓度。

可入肺颗粒物（PM_1）质量浓度：空气动力学粒径≤1 μm 的气溶胶总质量浓度。

气溶胶颗粒的空气动力学等效直径表达了颗粒物外观大小的不同，单位为微米（μm）。气溶胶颗粒的大气寿命与气溶胶颗粒的粒径大小密切相关，颗粒越大越容易降落回地表，从大气中被清除。不仅如此，气溶胶颗粒的物理性质、气候环境效应等也与气溶胶颗粒的粒径大小密切相关。如 PM_{10} 能够通过呼吸进入人体，但是其中空气动力学直径大于 2.5 μm 的部分可以通过呼吸系统的自身清除运动排出人体，而只有 $PM_{2.5}$ 可以完全被吸入并沉积到肺部，因此，附着在 $PM_{2.5}$ 颗粒上的各类有毒环境物质才是对人体健康危害巨大的元凶。

3.3 测量方法

3.3.1 现场滤膜采样-实验室称重法

原理：使用抽气泵抽取环境空气通过已准确称量的滤膜，空气中的颗粒物被截流在滤膜上，经过一定时间后，再次称量滤膜质量。使用高精度电子天平，在小于40%的相对湿度条件下称量采样前后的滤膜质量，根据滤膜的质量增加和采样空气体积计算气溶胶质量浓度。

系统构成：采样器(含粒径切割器)、抽气泵、高精度电子天平、恒湿操作箱。

单个样品采样周期：不小于12 h。

适用范围：TSP质量浓度、PM_{10}质量浓度观测、$PM_{2.5}$质量浓度观测。

3.3.2 在线连续分析方法

3.3.2.1 振荡微天平法

原理：使用抽气泵抽取环境空气，首先通过水汽交换装置，降低空气样品的相对湿度至40%以下，再使样品空气通过安放在空心锥管振荡元件顶端的滤膜，空气中的颗粒物被截流在滤膜上。由空心锥管和采样滤膜所构成的弹性振荡体系，其特征振荡频率随着颗粒物的沉积、滤膜质量改变而改变。根据质量和振荡频率间的相关关系，测量某一时段前后的振荡频率变化，计算出该时段内滤膜上所积累的颗粒物总质量，再根据时段的样品空气体积，计算得到样品空气中颗粒物质量浓度。

系统构成：进气管线(含粒径切割器)、水汽交换装置、振荡微天平单元、控制单元、抽气泵、数据采集记录单元。

测量频率：5 min。

适用范围：PM_{10}、$PM_{2.5}$、PM_1质量浓度观测。

3.3.2.2 激光散射法

原理：使用抽气泵抽取环境空气，首先通过水汽交换装置，降低空气样品的相对湿度至40%以下，再使样品空气通过激光散射测量腔。激光照射在样品空气中的颗粒物上发生散射，经反射镜聚焦后，由在同一水平面上与激光照射方向成一定角度的检测器接收散射光脉冲信号。根据接收到的脉冲信号频率和强弱，测量颗粒物的个数和粒径大小，再通过密度订正得到样品空气中颗粒物质量浓度。

系统构成：进气管线(含粒径切割器)、水汽交换装置、激光散射测量单元、控制单元、抽气泵、数据采集记录单元。

测量频率：1 min。

适用范围：同时测量环境大气中的PM_{10}、$PM_{2.5}$和PM_1的质量浓度。

3.4 仪器的安装、使用和维护要求

3.4.1 现场滤膜采样-实验室称重法

3.4.1.1 安装

滤膜采样设备应安装在室外观测场。

安装高精度电子天平的观测室应位于无地下室建筑一层，室内无震动设备，清洁、干燥，温度变化平缓。高精度电子天平应安装在恒湿操作箱内，固定在稳固的工作台上。工作台一般应为水泥、石材或钢材等厚重材料制作。

3.4.1.2 样品采样、称重和记录

采样时，人员应尽量从下风方向接近和操作采样器，并尽量避开大风、降水的天气。

全面、准确、详细记录采样信息，包括站名、站号、采样样品编号及采样日期、采样时间、流量、压力等，并记录采样过程中的天气条件、污染活动和其他相关信息等。

采样期间，应随时查看采样流量是否稳定，注意观察是否有不正常的噪音或声响，如有异常情况，及时处理。

滤膜称量前，应将其放置在恒湿操作箱内，有充分时间使滤膜的湿度与称重环境相平衡。

3.4.1.3 维护

定期校准采样器流量。

定期校准高精度电子天平，注意防止灰尘、昆虫等进入恒湿操作箱。

3.4.2 在线连续观测

3.4.2.1 安装

① 除进气管线外，全部设备应安装在室内。

② 观测室内的各测量仪器单元和数据采集记录单元等应集中安装在标准机柜中或专用、稳固的工作台上，放置在有温度控制的观测室内，全年温度变化范围为 15～30 ℃，日温度变化幅度不大于 5 ℃。仪器四周应留有足够的空间，以便于仪器的散热和检修。

③ 进气管线应采用不锈钢或专用的金属-塑料复合管线，从仪器上方直立伸出观测室屋顶，总长度不宜超过 7 m。进气管线伸出屋顶的高度应在 1.5～2.0 m，四周无阻挡。

④ 振荡微天平法的进气口应安装防虫网和 PM_{10} 粒径切割器。如使用振荡微天平法观测 $PM_{2.5}$ 质量浓度，则在室内的进气管线上另外增加 $PM_{2.5}$ 粒径切割器。在振荡微天平法的进气口下 5～10 cm 处安装环境温度传感器。

⑤ 激光散射法的进气口应安装防虫网和 TSP 粒径切割器。

⑥ 温湿传感器应安装在室外延长管上，安装温湿传感器的防辐射罩应低于采样口约 50 cm。

⑦ 抽气泵宜安装于室内地面，并采取适当的减震和降噪措施，避免气泵震动对测量设备的可能干扰。

⑧ 仪器安装完成后，应进行系统检漏测试。

3.4.2.2 使用和维护

振荡微天平法及激光散射法仪器设备使用维护要求分别见表3.1、表3.2。

表3.1 振荡微天平法仪器设备使用维护要求

工作任务	主要内容	相关要求
检查仪器运行状况	采样管口切割头清洁程度检查	采样管口切割头处应清洁无杂物，如有堵塞请及时清洁
	检查状态码	正常为“OK”
	检查流量	主流量(Main flow)1±0.12 l/m，辅流量(Aux flow)15.67±0.50 l/m
	检查屏幕显示浓度范围	屏幕示值应与近2～3 d变化情况一致，如有波动，检查周边是否有污染活动；是否出现负值
	检查滤膜负载率	负载率超过30%需更换
	泵的声音是否异常	泵的声音较弱，无不正常噪音或声响
	检查仪器及计算机时间	与标准时间偏差范围为±15 s，超出时，应及时调整
数据采集与传输情况	检查仪器数据采集情况	采集软件能够正常采集仪器的观测数据
	检查小时数据生成情况	能够生成小时数据文件
	检查数据传输情况	能够在指定时间传输数据文件
系统维护	清洁切割头	每3个月清洁一次切割头，或视当地污染情况及时更换
	更换气-水分离器滤芯	每3个月检查气-水分离器，堵塞需更换
	清洁进气管路	每6个月清洁一次采样管路，或视当地污染情况及时清洁
	更换在线大过滤器	每3个月更换一次过滤器，或视当地污染情况及时更换
	更换滤膜	每月更换膜负载率达到30%时必须更换
仪器校准	仪器设备的定期校准	每3个月对仪器进行流量校准

表3.2 激光散射法仪器设备使用维护要求

工作任务	主要内容	相关要求
仪器运行状况检查	检查流量是否稳定	流量是否为符合规定，偶然出现波动为正常
	采样管口切割头清洁程度检查	采样管口切割头处应清洁无杂物，如有堵塞请及时清洁
	泵的声音是否异常	泵的声音较弱，无不正常噪音或声响
	浓度范围检查	屏幕示值应与近2～3 d变化情况一致，如有波动，检查周边是否有污染活动
	异常信息显示	检查屏幕上是否有仪器运行异常信息，如有应及时根据提示进行相应处理
	仪器异常指示灯	正常情况下屏幕灯为绿色，如黄色灯亮，应检查仪器相关部件，如红色灯亮，表示出现严重故障，需要及时采取有效措施
	除湿泵真空压力检查	仪器由待机状态转为运行状态时，可以检查除湿泵真空压力，正常压力范围为40～60 psi
	采样瓶状况检查	是否有水或杂质，如有，及时清洁
	采样管垂直度检查	采样管应垂直，无较大倾斜

续表

工作任务	主要内容	相关要求
仪器运行状况检查	防水杯检查	防水杯内应干洁无水，如有水或水渍，表明采样管与屋顶联接处密封不好，需要及时处理
	检查仪器及计算机时间	与标准时间偏差范围为±15 s，超出时，应及时调整，或重新启动数据采集程序
数据采集与传输情况	检查仪器数据采集情况	采集软件能够正常采集仪器的质量浓度和数浓度观测数据
	检查小时数据生成情况	能够生成质量浓度和数浓度小时数据文件
	检查数据传输情况	能够在指定时间传输数据文件
系统维护	采样管路清洁	每6个月清洁一次采样管路，或视当地污染情况及时清洁
	除湿管路清洁	每6个月清洁一次除湿管路，或视当地污染情况及时清洁，并检查除湿管两端联接情况，正常时应联接紧密
	光室清洁	每6个月清洁一次光室，或视当地污染情况及时清洁
	光阱清洁	每6个月清洁一次光阱，或视当地污染情况及时清洁
	凹面镜清洁	每6个月清洁一次凹面镜，或视当地污染情况及时清洁
	更换过滤芯	每6个月更换一次过滤芯，或视当地污染情况及时更换
	仪器机箱内部清洁	每6个月清洁一次仪器机箱内部，或视当地污染情况及时清洁
	零过滤膜检查	每3个月使用零过滤膜检查仪器测量状况，检查时仪器数浓度应小于10，如超出，检查各部位联接情况
	系统检漏	每3个月对系统气路漏气检查，正常情况应无漏气
仪器校准	仪器设备的定期校准	在仪器运行12个月时，应及时进行校准

3.5 黑碳气溶胶质量浓度

黑碳气溶胶浓度是指单位体积空气中黑碳气溶胶的质量浓度，单位为“纳克每立方米”（ng/m^3），取1位小数。

黑碳气溶胶是化石燃料和生物质不完全燃烧生成的具有高度芳香化结构的含碳气溶胶粒子。元素组成以碳为主，其次为氢、氧、氮、硫。黑碳气溶胶对可见光和红外辐射有强烈的吸收作用，是大气气溶胶中最主要的吸光物质。

3.5.1 测量方法

3.5.1.1 光学衰减法

原理：利用抽气泵连续抽取空气样品通过石英滤膜，空气样品中的颗粒物不断沉积在石英滤膜上，使得照射其上的测量光束的透射衰减持续增加。测量某一时段前后光束透射衰减的增量，根据该时段的累计采样体积以及黑碳气溶胶的当量吸收系数，计算得到黑碳气溶胶的浓度。

系统构成：进气管线、黑碳仪、零气过滤器。

测量频率:5 min。

3.5.1.2 多角度吸收光度法

原理:依据光学吸收法测量沉积在采样膜上颗粒物光学衰减,根据单位时间内的光学衰减增量、累计采样体积以及黑碳气溶胶的当量吸收系数,计算得到大气中黑碳气溶胶的含量。并对沉积在滤膜上气溶胶样品的后向散射进行测量,根据后向散射的实际测量结果订正因散射造成的光学衰减,从而达到测量气溶胶吸收特性的目的。

系统构成:进气管线、多角度吸收光度仪、零气过滤器。

测量频率:5 min。

3.5.2 仪器的安装、使用和维护要求

3.5.2.1 安装

① 仪器安装于室内专用、稳固的工作台上或机柜中。仪器四周应留有足够的空间,以便于仪器的散热和检修。

② 采样管线应采用不锈钢或具有导电性的专用塑料管线,总长度不应超过 10 m。采样管线不应盘绕,必须弯折时,其曲率半径不应小于 0.5 m,并应妥善固定。采样管的进气口位于室外,进气口距观测室顶部平台的高度应为 1.5～2.0 m。采样管口处应安装防虫网和防雨帽,避免雨水进入采样管内部。

③ 仪器安装完成后,根据《黑碳仪 AE33 中文用户手册 V1.55》(Magee 赛克玛)进行检漏测试。

3.5.2.2 使用和维护

仪器的使用和维护要求见表 3.3。

表 3.3 黑碳气溶胶仪器设备的使用和维护要求

工作任务	主要内容	相关要求
仪器运行状况检查	检查流量是否稳定	流量处于规定范围内,偶然出现波动为正常
	采样管口清洁程度检查	采样管口应通畅(管口朝下),如有堵塞请及时清洁
	泵的声音是否异常	泵的声音较弱,无不正常噪音或声响
	浓度范围检查	屏幕示值应与近 2～3 d 变化情况一致,如有波动,检查周边是否有污染活动
	异常信息显示	检查屏幕上是否有仪器运行异常信息,如有应及时根据提示进行相应处理
	检查采样斑点状态	斑点色彩应均匀,斑点之间的间距一致,斑点间没有重叠
	检查滤带余量是否足够	滤带余量应能满足 24 h 测量需要(>50 cm),不足时,应及时更换
	检查存贮介质容量	数据存贮介质的容量应能满足 24 h 测量需要,不足时,应及时更换
	检查仪器及计算机时间	与标准时间偏差范围为±15 s,超出时,应及时调整
数据采集与传输情况	检查仪器数据采集情况	采集软件能够正常采集仪器的观测数据
	检查小时数据生成情况	能够生成小时数据文件
	检查数据传输情况	能够在指定时间传输数据文件

续表

工作任务	主要内容	相关要求
系统维护	采样管路清洁	每 8 个月清洁一次采样管路，或视当地污染情况及时清洁
	更换过滤芯	每 3 个月更换一次过滤芯，或视当地污染情况及时更换
	系统检漏	每 3 个月对系统气路漏气检查，正常情况应无漏气
	仪器机箱内部清洁	每 6 个月清洁一次仪器内部，或视当地污染情况及时清洁

3.6 气溶胶散射系数

气溶胶散射系数是表征大气气溶胶散射造成辐射能量衰减程度的物理量，数值上等于单位体积中所有气溶胶粒子散射截面之和，单位为“兆米分之一”(Mm^{-1})，取 1 位小数，其他常用单位为“米分之一”(m^{-1})、“千米分之一”(km^{-1})。

大气颗粒物通过散射和吸收两种方式消弱大气中辐射能量的传播，但是散射作用远强于吸收，是整个消光作用的最主要部分。环境大气中，颗粒物的散射使得能见度下降，减弱到达地表的太阳辐射，从而影响整个地气系统的辐射收支，影响全球环境和气候的变化。对气溶胶散射和吸收特性的度量就是气溶胶的散射系数和吸收系数，这两个系数之和为气溶胶的消光系数。

3.6.1 测量方法

采用积分式散射测量设备测量气溶胶积分散射系数。

原理：使用余弦光源照射积分测量腔室中的空气样品，根据测量到的气溶胶颗粒的散射光强度和积分空间的几何参数，计算气溶胶颗粒的积分散射系数。根据测量波长的设计不同，通常分为单波段和多波段两种类型。

系统构成：进气管线、积分式散射测量设备、标准气单元、数据采集单元。

测量频率：1～5 min。

3.6.2 仪器的安装、使用和维护要求

3.6.2.1 安装

① 积分式散射测量设备安装于室内专用、稳固的工作台上或机柜中。仪器四周应留有足够的空间，以便于仪器的散热和检修。

② 采样管线应采用不锈钢或具有导电性的专用塑料管线，总长度不应超过 10 m。采样管线不应盘绕，必须弯折时，其曲率半径不应小于 0.5 m，并应妥善固定。采样管的进气口位于室外，进气口距观测室顶部平台的高度应为 1.5～2.0 m。采样管口处应安装防虫网和防雨帽，避免雨水进入采样管内部。

③ 仪器安装完成后，根据《Aurora-3000 中文操作手册》(Magee 赛克玛)进行检漏测试。

3.6.2.2 使用和维护

仪器的使用和维护见表 3.4。

表 3.4 气溶胶散射系数仪器设备的使用和维护要求

工作任务	主要内容	相关要求
仪器运行状况检查	检查流量是否稳定	流量是否符合规定，偶然出现波动为正常
	采样管口切割头清洁程度检查	采样管口切割头处应清洁无杂物，如有堵塞请及时清洁
	泵的声音是否异常	泵的声音较弱，无不正常噪音或声响
	浓度范围检查	屏幕示值应与近 2～3 d 变化情况一致，如有波动，检查周边是否有污染活动
	采样管垂直度检查	采样管应垂直，无较大倾斜
	滤芯清洁情况	滤芯应洁净，无发黄发黑
	检查仪器及计算机时间	与标准时间偏差范围为±15 s，超出时，应及时调整
数据采集与传输情况	检查仪器数据采集情况	采集软件能够正常采集仪器的质量浓度和数浓度观测数据
	检查小时数据生成情况	能够生成小时数据文件
	检查数据传输情况	能够在指定时间传输数据文件
系统维护	采样管路清洁	每 8 个月清洁一次采样管路，或视当地污染情况及时清洁
	更换过滤芯	每 3 个月更换一次过滤芯，或视当地污染情况及时更换
	系统检漏	每 3 个月对系统气路漏气检查，正常情况应无漏气
	仪器机箱内部清洁	每 6 个月清洁一次仪器机箱内部，或视当地污染情况及时清洁
	仪器内部电池更换	每 12 个月更换仪器内部电池
仪器校准	仪器设备的定期校准	仪器每个月应按照规程要求用标准气进行全校准

3.7 整层大气气溶胶光学厚度

整层大气气溶胶光学厚度指从地面到大气上界垂直路径中气溶胶消光系数的总和，量纲为 1，取 3 位小数。

整层大气气溶胶光学厚度可反映整层大气气溶胶粒子对太阳辐射的消光作用。世界气象组织的全球大气观测网（WMO-GAW）将大气气溶胶光学厚度的观测作为基本观测项目，目的是对全球大气气溶胶的变化趋势进行长期观测，进而研究其对全球和局地气候变化的影响。同时气溶胶光学厚度的地基观测结果也是对卫星光学遥感校准的一种重要的手段。

3.7.1 测量方法

原理：使用在可见光至近红外波段有若干个光谱通道的太阳光度计，通过自动跟踪太阳，测量不同波长的太阳直接辐射，获得不同波段大气消光系数，通过反演技术可以获取气溶胶光学厚度。

系统构成：太阳光度计、电源单元、数据采集单元。

测量频率：30 min。

3.7.2 仪器的安装、使用和维护要求

3.7.2.1 安装

① 应安装于室外空旷、周边障碍物的高度角小于 5 度的地方。

② 仪器应稳固安装在专用支架上，并确保仪器光学传感器水平。

③ 联接好仪器各部件之间的电缆线，输入时间和测点的经纬度。

④ 根据仪器跟踪太阳情况，调整仪器位置，确保仪器能准确跟踪太阳。

3.7.2.2 使用和维护

根据《新版 CE318T 太阳光度计使用手册》(CIIMEL 中国)，仪器使用和维护见表 3.5。

表 3.5 太阳光度计的使用和维护要求

工作任务	主要内容	相关要求
仪器运行状况检查	跟踪太阳情况检查	检查光点位置是否有偏离，如有偏离及时调整，以光斑正好落在进光筒下部的小孔里为好
	机器人臂工作情况检查	跟踪太阳、复位时是否到位，如偏差较多，需要及时检修
	检查光筒旋转情况	查看光筒施转时有无信号线缠绕，如有，及时调整
	检查仪器水平	检查仪器水平泡是否处于中间位置，如否，及时调整
	感雨器检查	检查感雨器工作状况，在有降水时，仪器应自动将光学头部朝下，否则，需要及时更换感雨器
	检查仪器及计算机时间	与标准时间偏差范围为±15 s，超出时，应及时调整，或重新启动数据采集程序
数据采集与传输情况	数据生成和传输情况	检查数据采集、传输情况
	仪器状态检查	是否出现小写字母，如有，应及时检查原因，数据观测值与实际天气状况是否矛盾
系统维护	光学头镜头清洁	每 3 个月清洁光学头部镜头，或视当地污染情况及时清洁，在擦拭光学头镜头时一定不要划伤镜面
	进光筒调整	每 3 个月检查和调整进光筒平行度
	仪器电池电压检查	每 3 个月检查仪器电池电压
	微开关参数检查	每 3 个月检查微开关参数
仪器校准	仪器设备的定期校准	在仪器运行 12 个月时，应及时进行校准

3.8 气溶胶滤膜采样

气溶胶滤膜采样获取一段时间的气溶胶样品，用于各种化学成分分析(包括离子、元素和碳气溶胶等)。

3.8.1 采样方法

原理：利用抽气泵不断地抽取空气，使之经过滤膜，滤膜过滤收集大气颗粒物样品，采样过

程中需要控制流速，记录采样的总时间、采样时的温度和气压，通过气体方程计算得到流经滤膜的空气的标准体积。然后，在实验室内使用专用的仪器设备进行化学成分的分析。

系统构成：滤膜（直径 47 mm，石英纤维、Teflon 滤膜或玻璃纤维滤膜）、粒径切割器、便携采样器。

采样频率：24 h。

3.8.2 仪器的安装、使用和维护要求

3.8.2.1 安装

① 选择一个相对高于周围环境的采样点（如房顶、观测塔顶等），将采样器固定在竖直杆上或水平放置在平整的表面或台架上。

② 当遇有大风等天气时，进行适当的加固，确保采样器不被吹倒。

③ 根据所要分析化学组分的不同，选用不同材质的采样膜。

3.8.2.2 使用和维护

仪器的使用和维护见表 3.6。

表 3.6 气溶胶滤膜采样仪器设备的使用和维护要求

工作任务	主要内容	相关要求
采样及记录	样品采集及相关信息记录	按观测技术要求，每周二、四各采集一个样品，全面、准确、详细记录采样信息，包括采样膜编号、采样时间、周边环境情况等
采样膜保存	妥善保管未使用的采样膜和采样后膜片	采样前后，采样膜均应用锡纸密封后保存于冰箱之中；对采样和未采样的膜进行分类保存和标记
采样膜寄送	采样膜及相关记录寄送	每 2 个月向大气成分中心寄送一次采样膜及相关记录
仪器运行状况检查	采样流量检查	采样期间，定期检查采样流量，正常时流速为 5 L/min
	采样泵的声音是否异常	无不正常噪音或声响
	充电电池供电情况检查	采样期间，随时检查电池供电情况，如有不足，及时使用充电器充电
	检查采样器时间	与标准时间偏差范围为±15 s，超出时，应及时调整，或重新启动数据采集程序
	采样器设置	采样前，应检查采样器采样设置是否正确

3.9 垂直廓线

大气成分的垂直廓线观测资料在气候强迫、气候反馈以及有关气候变化研究的许多方面起着关键性作用。获得大气气溶胶各种参数及其垂直分布和时间演变特征资料对于理解与气候变化有关的多种人为和自然因素的作用，以及影响气候变化敏感性的多种复杂的物理过程等具有重要的意义。同时，它还可以为卫星遥感提供可靠的定标数据，为改进和提高气候模式的预测水平提供基础观测资料。

激光雷达是目前进行气溶胶廓线探测的主要设备之一，可以对几千米以至几十千米范围

的大气环境进行实时快速监测。由激光雷达的探测数据可获得大气边界层的结构和时间演变特征、大气气溶胶(飘尘)消光系数垂直廓线和时间演变特征、云层高度及多层云结构、大气能见度等信息。

3.9.1 测量方法

激光雷达是采用主动遥感探测技术,以激光为光源,向外发射一定波长的激光,通过接收大气气溶胶和沙尘粒子对激光的后向散射光来获取大气及气溶胶信息的一种设备。根据大气对激光的散射、吸收、消光等物理效应,通过定量分析接收到的激光大气回波,来反演获得大气气溶胶的相关参数。

激光雷达主要由激光器、发射和接收光学系统、高灵敏度光电探测器、高速多道计数器,以及控制和数据处理软件等组成。激光雷达主要有微脉冲激光雷达、米散射激光雷达、双偏振激光雷达、拉曼激光雷达等。

3.9.2 仪器的安装、使用和维护要求

3.9.2.1 安装

① 应安装在恒温、清洁的实验室内;室内温度控制在 10～30 ℃。

② 实验室顶部应根据激光雷达发射接收望远镜的大小开一个凸出层顶的观测窗,观测窗上应安装具有较高透明度、均匀的白玻璃或石英玻璃;天窗玻璃倾角为 3°～5°。观测窗应具有较好的密封、防尘、防风和防水功能。

3.9.2.2 使用和维护

① 应保持观测窗玻璃的清洁。

② 应根据激光器的特性,制定激光雷达的工作方式,以最大限度地获取观测数据和发挥仪器的性能。

③ 应定期检查仪器回波情况,必要时应及时更换光源。

第4章 反应性气体观测

4.1 概述

反应性气体是指大气中的一类化学反应活性较强的气体成分,其种类繁多、时空变化很大。反应性气体经过大气化学转化可形成气态和细颗粒污染物,影响大气氧化特性和降水酸度,进而对气候、生态系统和人体健康等造成危害。目前开展业务观测的是反应性气体中最基本的测量项目,主要包括地面臭氧(O_3)、二氧化硫(SO_2)、一氧化碳(CO)、氮氧化物(NO_x)、挥发性有机物(VOCs)等的大气浓度。

4.2 地面臭氧(O_3)浓度

地面臭氧浓度为臭氧摩尔数与同体积内全部分子摩尔数之比,用“10亿分之一”(ppb、10^{-9}或nL/L)表示,取1位小数。常用的单位还有$\mu g/m^3$或mg/m^3。标准状况(273 K,1013.25 hPa)下,1 ppb O_3约为2.14$\mu g/m^3$ O_3。地面臭氧变化范围通常在10～100 ppb。在污染较重的一些城市及其下风向地区,臭氧浓度可降至10 ppb以下,或超过100 ppb。

4.2.1 测量方法

在线测量臭氧的方法有多种,其中紫外光度法具有准确度高、干扰较少、易于操作和可连续测量等特点,是使用最普遍的方法,也是世界气象组织国际臭氧校准中心的标准技术方法。

紫外光度法的原理:测量流动空气样品中臭氧分子对254 nm紫外光的吸收。基于紫外吸收强度、臭氧吸收系数、测量光程长度、测量池温度和气压等,可以计算得到样品气中臭氧的浓度。

系统结构:进气系统、颗粒物过滤器、流量控制单元、抽气泵、测量池、温度传感器、压力传感器、紫外光源、信号采集单元、系统控制单元、数据显示与处理单元、零气源、标定仪、动态稀释仪等。

测量方式:在线连续观测。

4.2.2 仪器的安装、运行和维护要求

4.2.2.1 安装

① 把采样管连接到仪器后面板的采样口(通常标为“SAMPLE”)。安装前要确认采样管内壁没有被灰尘等污染。采样管的材料应为聚四氟乙烯(特氟降,Teflon),外径为 1/4 in,内径不小于 1/8 in,长度应小于 3 m。

② 进入仪器的气体压力和环境气压应相同,必要时应加装旁路排气装置。

③ 用一段管线(小于 5 m)从仪器的排气口(通常标为“EXHAUST”)连接到下风方的排放口或公用的废气排放口。在仪器的颗粒物过滤器内安装直径为 47 mm、孔径为 2～5 μm 特氟降过滤膜。

4.2.2.2 运行和维护

① 每日应检查分析仪的流量和压力是否稳定,观察时间应为 30 s,如有流量过高、过低或不稳情况,应记录在值班记录本上,并进行检查和报告。

② 应经常检查分析仪屏幕显示的浓度值是否在正常范围内,屏幕上如有报警信息应及时检查和报告,并记录在值班记录上。

③ 随时注意发现各种异常问题,如各种连接件断开或松动,Teflon 管破裂或粘连,过多的灰尘积累在仪器上引起仪器过热、短路而造成元器件损坏。

④ 每 2 d 至少应进行一次零点检查,每周进行一次跨点检查。应注意检查结果与前几次相比是否有较大变化,必要时查找原因或向业务管理部门汇报。对仪器的调整应在校准或零点、跨点点检查后完成。

⑤ 每周至少检查一次臭氧分析仪的运行参数。

⑥ 每周检查仪器背部的风扇过滤网,如有灰尘沉积,应及时取下,用清水冲洗、晾干后,再装回去。

⑦ 一般每两周更换一次颗粒物过滤膜,在春季沙尘天气后应立即更换。在偏远的清洁地区,过滤膜的更换频率可适当降低,但每月至少应更换一次。每一次更换滤膜须在日检查表上记录更换时间,每次更换滤膜后,应再次检查分析仪面板上的示值、流量等是否有异常变化。

⑧ 每月应检查流量和进行漏气试验。

⑨ 每 6 个月(有条件时每 3 个月)应至少对仪器进行一次多点校准。

⑩ 每 6 个月应至少对采样泵进行一次检查和维护。

⑪ 每年至少一次清洁仪器内部。

⑫ 每年至少一次清洗进气管或进气总管。

4.3 二氧化硫(SO_2)浓度

二氧化硫浓度为二氧化硫摩尔数与同体积内全部分子摩尔数之比,用 10 亿分之一(ppb、10^{-9}或 nL/L)表示,取 2 位小数。常用的单位还有 $\mu g/m^3$ 或 mg/m^3。标准状况(273 K,1013.25 hPa)下,1 ppb SO_2约为 2.86 $\mu g/m^3$ SO_2。我国二氧化硫浓度通常在 100 ppb 以下,

但在污染较重的一些城市及东部地区可超过 100 ppb。

4.3.1 测量方法

脉冲紫外荧光法为世界气象组织推荐的二氧化硫测量方法，也是目前最常采用的测量方法。

脉冲紫外荧光法的原理：二氧化硫分子在受到紫外光（波长 190～230 nm）照射后，分子的电子能级发生跃迁，成为高能态的二氧化硫分子。后者回到基态时可发出荧光。利用这一原理，在短时间内用强脉冲的紫外光照射大气样品，使得二氧化硫分子瞬间激发，而后通过测量二氧化硫分子发出的荧光强度来确定样品气中二氧化硫的含量。

系统结构：进气系统、颗粒物过滤器、流量控制单元、抽气泵、测量池、温度传感器、压力传感器、脉冲紫外光源、荧光信号采集单元、系统控制单元、数据显示与处理单元、标准气、零气源、动态稀释仪等。

测量方式：在线连续观测。

4.3.2 仪器的安装、运行和维护要求

4.3.2.1 安装

① 把采样管连接到仪器后面板的采样口（通常标为“SAMPLE”）。安装前要确认采样管内壁没有被灰尘等污染。采样管的材料应为特氟降，外径为 1/4 in，内径不小于 1/8 in，长度在有共线式进气管时应小于 3 m，无共线式进气管时可延长至 5 m。

② 进入仪器的气体压力和环境气压应相同，必要时应加装旁路排气装置。

③ 从仪器排气口把排气管连接到下风方的排放口或公用的废气排放口。

在仪器的颗粒物过滤器内装上直径为 47 mm、孔径为 2～5 μm 的特氟降过滤膜。

4.3.2.2 运行和维护

① 检查分析仪的流量和压力是否稳定，观察时间应为 30 s，如有流量过高、过低或不稳情况，应记录在值班记录本上，并进行检查和报告。

② 应经常检查分析仪屏幕显示的浓度值是否在正常范围内，屏幕上如有报警信息应及时检查和报告，并记录在值班记录上。

③ 随时注意发现各种异常问题，如各种连接件断开或松动，Teflon 管破裂或粘连，过多的灰尘积累在仪器上引起仪器过热、短路而造成元器件损坏。

④ 每日应进行一次零点、跨点检查。应注意检查结果与前几次相比是否有变化，必要时查找原因或向业务管理部门汇报。对仪器的调整应在校准或零点、跨点点检查后完成。

⑤ 每日检查并记录标准气瓶的压力，压力小于 2 MPa 时应及时更换。

⑥ 每周至少检查一次二氧化硫分析仪的运行参数。

⑦ 每周检查仪器背部的风扇过滤网。如有灰尘沉积，应及时取下，用清水冲洗、晾干后，再装回去。

⑧ 一般每两周应更换一次颗粒物过滤膜，在春季沙尘天气后应立即更换。在偏远的清洁地区，过滤膜的更换频率可适当降低，但每月至少应更换一次。每一次更换滤膜须在日检查表上记录更换时间，每次更换滤膜后，应再次检查分析仪面板上的示值、流量等是否有异常

变化。

⑨ 每月应检查流量和进行漏气试验。

⑩ 每3个月(有条件时每1个月)应至少对仪器进行一次多点校准。校准测量时使用与正常测量时一样的量程、采样管和滤膜,以及仪器输出记录和显示设备。

⑪ 每6个月应至少对采样泵进行一次检查和维护。

⑫ 每年至少一次清洁仪器内部。

⑬ 每年至少一次清洗进气管或进气总管。

4.4 一氧化碳(CO)浓度

一氧化碳浓度为一氧化碳摩尔数与同体积内全部分子摩尔数之比,用“10亿分之一”(ppb、10^{-9}或nL/L)表示,取整数;在浓度较高的站点也可用“百万分之一”(ppm、10^{-6}或μL/L)表示,取2位小数。常用的单位还有μg/m³或mg/m³。标准状况(273 K,1013.25 hPa)下,1ppb CO约为1.965μg/m³ CO,1 ppm CO约为1.965 mg/m³ CO。我国一氧化碳浓度通常在100 ppb至10 ppm范围,污染较重的城市地区可超过10 ppm。

4.4.1 测量方法

一氧化碳的测量通常采用非色散红外气体透镜相关法(Gas Filter Correlation,GFC)。在非常清洁的站点也可采用更灵敏的测量方法,如气相色谱分离-汞还原检测法等方法。气体透镜相关法和汞还原检测法均为世界气象组织推荐方法,前者可进行连续测量,后者每几分钟测量一次。

气体透镜相关法的原理:一氧化碳能吸收波长为4.6μm的红外线,吸收强度可作为测量信号。空气样品经样气入口连续导入测量光池,从红外光源发射出的光束,先经过一个一半充满一氧化碳另一半充满氮气的旋转着的滤光片(气体相关轮,或称斩光轮)切割,交替形成参比光束和测量光束,然后经过一个窄带干涉滤光镜,进入测量光池。在光池中,参比光束和测量光束交替地照射测量光池内的样品气体,并经多次反射后,被测量光池另一端的固体红外检测器检测。参比光束和测量光束的强度差值即为一氧化碳的测量信号,可用来确定样品气中一氧化碳含量。

系统结构:进气系统、颗粒物过滤器、流量控制单元、抽气泵、测量池、温度传感器、压力传感器、非色散红外光源、气体相关轮、红外信号采集单元、系统控制单元、数据显示与处理单元、标准气、零气源、动态稀释仪等。

测量方式:在线连续观测。

4.4.2 仪器的安装、运行和维护要求

4.4.2.1 安装

① 把采样管连接到仪器后面板的采样口。安装前应确认采样管内壁没有被灰尘等污染。采样管的材料应为特氟降,外径为1/4 in,内径不小于1/8 in,长度在有共线式进气管时应小于3 m,无共线式进气管时可延长至5 m。

② 进入仪器的气体压力和环境气压应相同，必要时应加装旁路排气装置。

③ 用一段管线(小于 5 m)从仪器的排气口连接到下风方的排放口或公用的废气排放口。

④ 在仪器的颗粒物过滤器内装上直径为 47 mm、孔径为 2～5 μm 的特氟降过滤膜。

4.4.2.2 运行和维护

① 每日应检查分析仪的流量和压力是否稳定，观察时间应为 30 s，如有流量过高、过低或不稳情况，应记录在值班记录本上，并进行检查和报告。

② 应经常检查分析仪屏幕显示的浓度值是否在正常范围内，屏幕上如有报警信息应及时检查和报告，并记录在值班记录上。

③ 随时注意发现各种异常问题，如各种连接件断开或松动，Teflon 管破裂或粘连，过多的灰尘积累在仪器上引起仪器过热、短路而造成元器件损坏。

④ 每日至少应进行一次零点、跨点检查。应注意检查结果与前几次相比是否有较大变化，必要时查找原因或向业务管理部门汇报。对仪器的调整应在校准或零点、跨点点检查后完成。

⑤ 每日检查并记录标准气瓶的压力，压力小于 2 MPa 时应及时更换。

⑥ 每周检查仪器背部的风扇过滤网，如有灰尘沉积，应及时取下，用清水冲洗、晾干后，再装回去。

⑦ 每两周应更换一次颗粒物过滤膜，在春季沙尘天气后应立即更换。在偏远的清洁地区，过滤膜的更换频率可适当降低，但每月至少应更换一次。每一次更换滤膜须在日检查表上记录更换时间，每次更换滤膜后，必须再次检查分析仪面板上的示值、流量等是否有异常变化。

⑧ 每月应检查流量和进行漏气试验。

⑨ 每 3 个月(有条件时每 1 个月)应至少对仪器进行一次多点校准。校准测量时使用与正常测量时一样的量程、采样管和滤膜，以及仪器输出记录和显示设备。

⑩ 每 6 个月应至少对采样泵进行一次检查和维护。

⑪ 每年至少一次清洁仪器内部。

⑫ 每年至少一次清洗进气管或进气总管。

4.5 氧化氮(NO)、二氧化氮(NO_2)和氮氧化物(NO_x)浓度

氮氧化物是一氧化氮和二氧化氮的总和，其浓度为氮氧化物摩尔数与同体积内全部分子摩尔数之比，用“10 亿分之一”(ppb、10^{-9}或 nL/L)表示，取 2 位小数。氮氧化物常用的单位还有 μg/m³或 mg/m³。标准状况(273 K，1013.25 hPa)下，1 ppb NO 约为 1.34 μg/m³ NO，1 ppb NO_2约为 2.05 μg/m³ NO_2。我国氮氧化物浓度通常在 100 ppb 以下，但在污染较重的城市和一些东部地区可明显超过 100 ppb。

4.5.1 测量方法

氮氧化物测量要分别测量一氧化氮和二氧化氮，通常均采用化学发光法测量。

化学发光法的原理：样品气中的一氧化氮分子和仪器产生的过量臭氧反应后生成激发态

的二氧化氮分子，其衰减到低能态时会释放出红外光，发光强度与一氧化氮浓度呈线性关系。当使用该方法测量二氧化氮时，首先必须将二氧化氮经转化还原成一氧化氮。在这种模式下测得的为一氧化氮和经二氧化氮转化后的一氧化氮的浓度之和，即氮氧化物浓度，直接测量模式测得的是一氧化氮浓度，两者间的差值即为二氧化氮浓度。目前最常用的转化设备是钼转化炉（转化温度约为 325 ℃）。该设备成本较低，但易引入正偏差。更可靠的转化设备是光解转化器，但其价格较为昂贵。

系统结构：进气系统、颗粒物过滤器、流量控制单元、抽气泵、臭氧发生器、反应池、测量池、温度传感器、压力传感器、信号采集单元、系统控制单元、数据显示与处理单元、标准气、零气源、动态稀释仪、废气处理单元等。

测量方式：在线连续观测。

4.5.2 仪器的安装、运行和维护要求

4.5.2.1 安装

① 把采样管连接到仪器后面板的采样口。安装前要确认采样管中没有被灰尘等污染。采样管的材料应为特氟降，外径为 1/4 in，内径不小于 1/8 in，长度在有共线式进气管时应小于 3 m，无共线式进气管时可延长至 5 m。

② 进入仪器的气体压力和环境气压应相同，必要时应加装旁路排气装置。

③ 将空气干燥管联接到仪器后面板的 DRY AIR 接口处。

④ 用一段管线（小于 5 m）从仪器的排气口连接到下风方的排放口或公用的废气排放口。若不具备将废气引向室外的条件，应将排气管连接到一个臭氧去除器（活性炭）。

在仪器的颗粒物过滤器内装上直径为 47 mm、孔径为 2～5 μm 的特氟降过滤膜。

4.5.2.2 运行和维护

① 每日应检查分析仪的流量和压力是否稳定，观察时间应为 30 s，如有流量过高、过低或不稳情况，应记录在值班记录本上，并进行检查和报告。

② 应经常检查分析仪屏幕显示的浓度值是否在正常范围内，屏幕上如有报警信息应及时检查和报告，并记录在值班记录上。

③ 随时注意发现各种异常问题，如各种连接件断开或松动，Teflon 管破裂或粘连，过多的灰尘积累在仪器上引起仪器过热、短路而造成元器件损坏。

④ 每日应进行一次零点、跨点检查。应注意检查结果与前几次相比是否有较大变化，必要时查找原因或向业务管理部门汇报。对仪器的调整应在校准或零点、跨点点检查后完成。

⑤ 每日检查并记录标准气瓶的压力，压力＜2 MPa 时应及时更换。

⑥ 每周检查仪器背部的风扇过滤网，如有灰尘沉积，应及时取下，用清水冲洗、晾干后，再装回去。

⑦ 一般每两周应更换一次颗粒物过滤膜，在春季沙尘天气后应立即更换。在偏远的清洁地区，过滤膜的更换频率可适当降低，但每月至少应更换一次。每一次更换滤膜须在日检查表上记录更换时间，每次更换滤膜后，必须再次检查分析仪面板上的示值、流量等是否有异常变化。

⑧ 每月应检查流量和进行漏气试验。

⑨ 如采用活性碳去除废气中的臭氧，每3个月应更换活性炭。

⑩ 每3个月(有条件时每1个月)应对仪器进行一次多点校准。校准测量时使用与正常测量时一样的量程、采样管和滤膜，以及仪器输出记录和显示设备。

⑪ 每6个月应至少对采样泵进行一次检查和维护。

⑫ 每年至少一次清洁仪器内部。

⑬ 每年至少一次清洗进气管或进气总管。

4.6 挥发性有机物(VOCs)浓度

挥发性有机物一般指大气中以气态存在的有机化合物(但不包括甲烷)，其种类非常繁多，通常能测量的大约几十种至上百种。某一种挥发性有机物浓度为其摩尔数与同体积内全部分子摩尔数之比，用“10亿分之一”(ppb、10^{-9}或nL/L)表示，取2位小数。常用的单位还有ppbC，相当于某种挥发性有机物ppb为单位的浓度乘以该有机物分子中的碳原子个数之后所对应的浓度单位。我国清洁地区挥发性有机物总浓度通常在10～100 ppbC，但在污染较重的一些城市地区可达数百甚至上千ppbC。

4.6.1 测量方法

挥发性有机物可采用现场采样-实验室分析和现场在线测量两种方法。现场采样一般采用内表面钝化处理过的不锈钢采用罐，也可以采用充填了吸附材料的吸附采样管。采集后的样品需要转移到一个富集(预浓缩)冷阱，经过富集后才能分析。现场在线测量也需要将室外空气抽吸经过冷阱富集后再进行分析。无论哪种测量方式，对有机物的分析方法可以是一样的。通常采用的定性和定量分析方法是热解吸—气相色谱—火焰离子化检测法和热解吸—气相色谱-质谱联用法。

4.6.1.1 热解吸原理

富集后的有机物样品在较低温度下通入高纯载气(氮气或氦气)，将样品中残留的氧气、水气、二氧化碳等携带至旁路排出。然后切换载气流路，迅速加热样品，使有机物从冷阱中解吸出来，被载气携带到色谱分离系统。冷阱冷却到设定低温后可富集下一个样品。

4.6.1.2 气相色谱原理

有机物被载气携带进入气相色谱分离柱(通常为熔硅毛细管色谱柱)。由于多数挥发性有机物的挥发性能和极性不相同，因此它们在色谱柱内的流动速度不同，流出色谱柱的时间先后就会有差异。这样，本来混合在一起的多种有机物就被分离，从而能对其进行分别检测。为了优化分离效果并有效利用分析时间，通常需要选择合适几何尺寸、固定相材料的色谱柱，设置合适的载气压力和流速，还需要编制升温程序，对色谱柱炉进行精确的程序升温。

4.6.1.3 火焰离子化检测原理

从色谱分离柱中流出的有机物，在以氢气作燃料的火焰中被离子化，形成离子基团，离子被电极收集并经过信号放大，信号强弱与火焰中的碳原子数成正比，因此可作为检测有机物浓度的信号。

4.6.1.4 质谱检测原理

从色谱分离柱中流出的有机物分子进入质谱后，被其中的离子源带上电荷，并形成各种碎片。不同碎片的质量与其所带电荷的比例(质荷比)不同，当经过电场时，沿着不同的路径偏转移动，最后被检测器不同部位电荷收集器收集。在一定的条件下，一个有机物分子形成的各种碎片的比例是相对固定的，可以利用这一点来鉴定有机物。根据有机物的一种或多种碎片信号的强度可以确定有机物的含量。

4.6.1.5 定性分析原理

定性分析的目标是要识别某一时刻所检测的有机物的确切名称。通常采用与标准物质所产生的色谱图的保留时间相比较的方法来定性判别。这要求对所有测量物种都有对应的标准物质。这种方法通常适用于用火焰离子化检测器的分析中。如使用带有标准质谱数据库的质谱检测系统，通过将样品产生的质谱图与标准质谱数据库中的质谱图相比较，可以根据相似度等信息来鉴别有机物。

4.6.1.6 定量分析原理

无论采用哪种检测方法，定量分析都是通过比样品中各有机物所产生的检测信号(色谱峰面积、峰高、质谱的离子强度等)与相应标准物质或参比物质所产生的信号来实现的。通常需要用标准物质制作多点的工作曲线，建立有机物浓度与检测信号的对应关系，然后用工作曲线计算样品中有机物浓度。在质谱检测中，通常还需要采样内标法来克服系统信号较大波动造成的影响。当采样和分析系统存在显著的空白信号时，需要采取扣除空白信号的方法来获取更准确的结果。

4.6.2 系统结构及测量方式

4.6.2.1 系统结构

采样罐及其清洗设备、采样管及其清洗设备、颗粒物及臭氧去除部件、采样泵、热解吸仪、气相色谱仪、火焰离子化检测器、质谱检测器及其配套的高真空设备、色谱分离柱、液氮或干冰容器及供给系统、高纯气体供给系统(氮或氦、合成空气、氢气)、流量及压力控制系统、系统控制及数据采集与处理系统、有机物混合标准气体、标准气体稀释系统等。

4.6.2.2 测量方式

测量方式有现场采样-实验室分析、现场在线准连续观测。

4.6.3 仪器的安装、运行和维护要求

4.6.3.1 安装

① 采样:在线测量系统用特氟降管或经过钝化处理的不锈钢管(外径为 1/4 in，内径不小于 1/8 in，长度小于 5 m)将空气从室外直接引到热解吸系统的进气口。用采样罐进行现场等压采样时，将颗粒物及臭氧去除器、限流器或定时器、采样罐依次连接。用采样罐进行现场加压采样时，将颗粒物及臭氧去除器、采样泵(压缩)、限流器、压力表、采样罐等依次连接。用采样管进行现场采样时，将颗粒物及臭氧去除器、采样管、限流器、定时器、采样泵(抽吸)等依次连接。

② 分析系统：将载气用清洁的紫铜管(外径 1/8 in，内径不小于 1/16 in)分别连接到热解吸仪和色谱仪的相应入口。将合成空气、氢气紫铜管(尺寸如上)分别连接到色谱仪的相应入口。将色谱分离柱稳妥地安装在柱炉中，采取支架悬挂的方法，使其与柱炉的表面没有直接接触。用一根尺寸匹配的、不含固定相的熔硅毛细柱，与色谱柱的入口相连，并将该熔硅毛细柱穿过可加热和控温的保护套，再连接到热解吸仪的样品解吸出口。将色谱柱的出口端连接到火焰离子化检测器或质谱检测器。将各种电源线、控制信号线、数据采集线按仪器说明要求正确连接到仪器、控制模块、计算机等部位。安装系统控制及数据采集与处理等软件。

③ 标准稀释系统：将高浓度标准气经过惰性不锈钢材料的双级减压阀和惰性不锈钢管连接到稀释配气仪的相应入口。将高纯氮气经减压阀和清洁的不锈钢管连接到稀释配气仪的相应入口。用清洁的不锈钢管将配气仪的出口与用来存贮稀释后的标准气的容器相连接。

④ 采样罐清洗系统：将高纯氮气经减压阀和清洁的不锈钢管连接到清洗仪的相应入口。用不锈钢管将真空泵与清洗仪的出口相连。将使用后的采样罐经过单通道或多通道的、耐真空的专用不锈钢管连接到清洗仪的抽吸和冲洗口。

⑤ 采样管清洗系统：将高纯氮气经减压阀和清洁的不锈钢管连接到清洗仪的相应入口。将单个或多个需要清洗的采样管的吸附性能较强的端口插入高纯氮气的出口。将待清洗采样管稳妥地插入清洗仪的高温加入腔体。

4.6.3.2 运行和维护

① 每日应检查各种正在使用中的高压气瓶的气压以及液氮液位，判断有无泄漏以及是否需要更换，必要时进行堵漏和更好处理。

② 每日检查并记录分析系统的各种检测信号、温度、气压、流量等参数的读数，判断其是否在正常范围，如不正常，应进行恰当的维护维修。

③ 每日应进行一次空白样和单标样分析。应注意将分析结果与前几次相比是否有较大变化，必要时查找原因或向业务管理部门汇报。

④ 随时注意发现各种异常问题，如各种连接件断开或松动，管路破裂，过多的灰尘积累引起仪器过热、短路而造成元器件损坏。

⑤ 每周检查仪器背部的风扇过滤网，如有灰尘沉积，应及时取下，用清水冲洗、晾干后，再装回去。

⑥ 每周进行一次不少于 5 点的多点标定，制作各挥发性有机物的工作曲线，并注意与前几次的结果进行比较。

⑦ 每月对色谱柱进行一次 1 h 左右的烘烤，烘烤温度可比日常分析最高温度高 5～10 ℃，但不超过其最大允许温度。

⑧ 每次采样前应对采样罐和采样管进行清洗和密封。现场采样前应检测是否有泄漏或松动，如出现此类问题不应使用。

⑨ 每月应检查热解吸系统的气密性，如气密性不良，应检查原因，并进行必要的处理(如更换老化的密封圈等)。

⑩ 每 3 个月应检测热解吸等系统中的颗粒物过滤膜，并及时更换污染或错位的膜片。

⑪ 每 6 个月应至少对采样和分析系统的气泵进行一次检查和必要的维护。

⑫ 每年至少一次清洁仪器内部、进气管或进气总管。

第5章 臭氧总量

5.1 概述

臭氧层损耗是指大气臭氧总量出现长期减少趋势的现象。由于大气臭氧主要分布在上对流层和下平流层(upper troposphere and low stratosphere,UT—LS),因此,臭氧层损耗主要是UT—LS高度层的臭氧损耗。臭氧层常以臭氧总量概念来描述,是从地面到大气顶内所有臭氧浓度沿垂直高度的积分值。臭氧总量单位是Dobson,简称DU。1 DU是指一个标准大气压、273.15 K时臭氧厚度为10^{-5} m。

5.2 测量方法

目前主要有3种仪器用于大气臭氧柱总量观测,它们都是根据臭氧对不同波长的太阳紫外辐射有着不同的吸收率的原理来进行测量的。

Dobson光谱光度计:应用双单色仪,比较测量几对固定波长上的太阳紫外辐照度,每对波长中,一个是臭氧的强吸收,一个是弱吸收。根据由仪器的标定系数、臭氧吸收截面、太阳相对位置等计算得到臭氧总量。

M-124臭氧仪:应用的是与Dobson光谱光度计相同的差分吸收原理,使用窄带滤光片选择测量波长。但是不如Dobson光谱光度计和Brewer臭氧分光光谱仪准确。

Brewer臭氧分光光谱仪:根据臭氧对紫外辐射的吸收特性,通过准确地跟踪太阳(或月亮),应用衍射光栅和狭缝选择测量紫外波段的5个波长(306.3 nm、310.0 nm、313.5 nm、316.8 nm、320.0 nm),基于差分吸收的原理反演计算出臭氧总量(同时能给出二氧化硫总量)。中国气象局的臭氧总量观测使用的是Brewer臭氧分光光谱仪。

5.3 仪器的安装、运行和维护要求

5.3.1 安装

仪器的安装要求见表5.1。

表 5.1 仪器的安装要求

类别	安装要求
观测场地	应选在人为活动干扰较少的地方，远离大气光学特性干扰源； 仪器架设地点东、南、西3个方向上障碍物的遮挡角应小于5°； 太阳天顶角低于75°时，对太阳和月亮有良好的视野； 仪器附近应有良好的接地和防雷保护设施，接地电阻应小于4 Ω； 仪器附近应有220 V、不小于2 kVA的交流稳压供电和不间断电源； 仪器附近(一般为15 m之内)应有可安装计算机的工作用房
三角架的架设	仪器三角架一般应安装在平稳、坚固、水平的仪器架或水泥平台上； 三角架上的标记符号"N"一侧对磁北； 三角架应有固定措施，以保证仪器在恶劣天气条件下仍保持稳定； 仪器周围如有围栏保护时，仪器石英窗底部应高于围栏高度
水平跟踪器的架设	安装在三角架的顶部，跟踪器上标有"N"的一侧对磁北； 通过调节三角架3个支脚的相对高度，确保水平跟踪器在360°范围内转动时始终处于水平状态
光谱仪的架设	安装在水平跟踪器之上，使光谱仪与水平跟踪器的电源开关在同一侧； 紧固其底部与水平跟踪器联接的4个螺丝； 光谱仪在360°范围内转动时始终处于水平状态
信号线及电源线的连接	正确连接计算机、光谱仪、水平跟踪器之间的信号线和电源线； 正确连接光谱仪电源线中的火线、地线和零线； 仪器机壳通过专用的接地端子良好接地，接地电阻应小于4 Ω； 仪器室外电源线、信号线接入室内的计算机前应有防雷保护装置

5.3.2 运行和维护要求

日常运行检查要求见表5.2。

表 5.2 日常运行检查要求

类别	要求
遮挡情况	仪器进行测量时，确保测量窗不被任何物体所遮挡
跟踪状态	仪器能够准确地跟踪太阳或月亮
清洁程度	石英窗和UV－B罩应清洁
仪器内部干燥情况	仪器内部相对湿度在30%以下
时间校准	仪器时间与标准时间相差小于30 s
硬盘空间和通信状态	确保硬盘有足够的数据存储空间(大于20 M/d)，仪器和计算机之间处于正常的通信状态
仪器参数	包括SL(标准灯测试)、HG(波长校准)、DT(停机时间测试)、RS(运行/停止测试)、AP(打印A/D监控值)等，各参数应在变化范围内
日常维护	每日上午、下午应对仪器跟踪情况至少进行一次检查，发现跟踪不准确时及时调节； 每日应对石英窗和半球形石英玻璃罩进行清洁，当发现内部有水汽凝结时应及时清除； 每2个月应至少清洁一次水平跟踪器内部转盘

第6章 干湿沉降

6.1 概述

大气沉降是地-气系统物质交换的一种重要形式，包括干沉降和湿沉降。干沉降是气溶胶和气体在无降水时从大气中输送到地球表面并被捕获的过程；湿沉降则是降水携带气溶胶粒子和气体输送到地球表面的过程。干沉降是一种缓慢而连续的过程，湿沉降则高度集中于降水时段的快速传输过程。

6.2 总降尘量

大气总降尘量是从大气中自然降落在地面每平方米面积上的固态物质的质量，以 $g/(m^2 \cdot 月)$为单位，取3位小数。

大气降尘既包括以干沉降方式降落的大气颗粒物，也包括通过湿（降水）沉降方式降落的各类固态物质。

6.2.1 测量方法

原理：在集尘缸中注入少量纯净水，使得落入其中的颗粒物等不再扬起。定期收集集尘缸中采集到的干沉降样品，经烘箱蒸发、干燥，用精密分析天平称量，再计算出大气降尘总量。

系统构成：集尘缸（含支架）、烘箱、精密天平。

测量频率：1个月。

6.2.2 仪器的安装、运行和维护要求

6.2.2.1 安装

集尘缸安放在观测场内的支架上，集尘缸缸口平面距地面1.5 m。

6.2.2.2 运行和维护

① 按有关规定进行大气降尘采样。

② 雨季采样时，应注意防止雨水将缸内注满溢出，造成样品流失，必要时应更换干净的集尘缸，继续收集，称量时将样品合并处理和计算。干燥季节，要随时向集尘缸内补充纯水，保持

集尘缸内有不少于 300 mL 水或溶液。

③ 为防止冬季结冰，集尘缸内按 1 : 4 加入乙醇溶液。

④ 夏、秋季节，应在集尘缸内加入晶体硫酸铜，防止细菌和藻类产生。

⑤ 如发现集尘缸内有异物，如藻类、菌类，鸟粪、昆虫或树叶等，应在烘干处理前剔除，并记录剔除异物的种类和数量。

⑥ 应记录采样期间发生的天气状况，每日的温度、压力、降水状况、风速风向等气象数据。

6.3 降水可溶性离子成分浓度

降水可溶性离子成分浓度，指降水中 9 种主要可溶性离子成分：硫酸根(SO_4^{2-})、硝酸根(NO^{3-})、氯离子(Cl^-)、氟离子(F^-)、铵离子(NH^{4+})、钾离子(K^+)、钠离子(Na^+)、钙离子(Ca^{2+})和镁离子(Mg^{2+})的摩尔浓度，单位为“毫摩尔每升”(mmol/L)，取 3 位小数。

从降水可溶性离子成分的组成，可以追踪了解到大气、海洋、冰雪、地壳等不同圈层间自然物质循环过程的信息。在酸雨污染地区，连续测量降水中可溶性离子成分的含量，能使我们深入分析酸雨污染的形成机制，为防治酸雨提供科学依据。

6.3.1 测量方法

原理：降水可溶性离子成分浓度的观测包括降水样品采集和实验室样品分析。在室外用降水采集器采集降水样品，再用离子色谱法和原子吸收分光光度法测量样品中 9 种可溶性离子的摩尔浓度。

离子色谱法：让液体样品流过离子交换树脂柱，利用不同离子成分在离子交换树脂上吸附—解吸性质的差异，使样品中的离子成分分离后顺序进入一个电导检测器，连续检测色谱分离的离子含量。离子色谱法适用于硫酸根、硝酸根、氯离子、氟离子、铵离子、钾离子、钠离子的分析测定。

原子吸收分光光度法：将液体样品注入乙炔火焰中气化，利用被测元素(离子)在特征吸收谱线区对入射光源的吸光度与被测元素含量成正比的关系，定量测定样品中元素(离子)含量。原子吸收分光光度法适用于金属离子，如：钾离子、钠离子、钙离子和镁离子浓度测定。

采样现场：采样器、样品容器、冰箱、储运箱。

实验室：离子色谱仪、原子吸收分光光度仪、冰箱。

测量频率：降水日，24 h。

6.3.2 降水采样

降水采样可选择手工采样或自动采样。

手工采样：使用专用的带盖采样桶，内置洁净、专用的采样袋，在降水开始时人工将采样桶盖打开，采集降水样品；在降水结束时，再将采样桶盖盖回。

自动采样：在通常状态(即无降水时)，采样桶盖将采样桶盖住，采样桶内装有洁净、专用的采样袋，当降水开始时，由于降水感应器表面变湿，感应器格栅间的电路由断变通，控制箱内的双向电机驱动桶盖，打开采样桶以采集降水样品。当降水终止后，由于降水感应器表面残留水分的挥发，格栅间的电路又由通路变为断路，控制箱内的双向电机驱动桶盖重新盖回到采样桶上。

6.3.3 仪器的安装、使用和维护

6.3.3.1 安装

① 人工采样和自动降水采样设备应安装在气象观测场内。

② 降水采样器的采样桶口沿距地高度不低于 1.2 m。

③ 应用专用的采样袋采集降水样品。

④ 采样袋应与采样桶壁贴合紧密，采样桶及采样袋应安装紧固，以免被大风吹落。

6.3.3.2 使用和维护

① 每日应检查采样器的工作状态，确认在无降水过程时，采样桶盖应密闭于采样桶上；在有降水发生时，采样桶盖处于打开状态。

② 在雾、霜以及高湿天气条件下，应随时检查，以确认采样桶盖是处于关闭状态。

③ 在有冰雹等固态降水时，应随时检查采样桶盖是否打开。

④ 每月应对采样器的工作情况进行检查，并清洁采样桶和采样桶盖。

⑤ 每次采样开始及结束后，应及时填写采样记录表。

第7章 样品保存、运输与分析

7.1 样品的种类

根据大气成分观测业务实际，现阶段的大气成分观测样品主要包括温室气体、气溶胶、反应性气体、酸雨和降水化学等，详见表7.1。

表7.1 大气成分观测业务样品列表

类别	主要内容	观测要素	频次	备注
温室气体	玻璃样瓶采样与分析	CO_2、CH_4、CO、N_2O、SF_6、H_2以及CO_2中的碳和氧同位素	1对/周	
	不锈钢罐采样与分析	HFCs、PFCs等	1对/周	
	标准气体配制	CO_2、CH_4、CO、N_2O、SF_6、HFCs、PFCs等	不定期	
	档案气体采集	全空气样品	2瓶/a	
气溶胶	膜采样与分析	OC、EC、K^+、Na^+、NH^{4+}、Ca^{2+}、Mg^{2+}、Cl^-、$SO_4{}^{2-}$、NO^{3-}、质量浓度	2个/周	
	大流量样品采样与分析	OC、EC、K^+、Na^+、NH^{4+}、Ca^{2+}、Mg^{2+}、Cl^-、$SO_4{}^{2-}$、NO^{3-}	1组/3 d	全球本底站
反应性气体	大流量样品采样与分析	CO_2、HNO_3	1组/3 d	全球本底站
干湿沉降	降水pH值及电导率	pH值、电导率	事件	
	可溶性离子成分采样与分析	K^+、Na^+、NH^{4+}、Ca^{2+}、Mg^{2+}、F^-、Cl^-、$SO_4{}^{2-}$、NO^{3-}	事件	

7.2 样品的存贮

气溶胶、降水化学样品应进行密封处理，并保存在4～5 ℃冷藏环境中。

温室气体样品应存贮在专用储运箱内。

温室气体采样瓶(罐)采样前的最大存贮时间不应超过6个月。已采集的样品在台站最大存贮时间不应超过45 d，实验室存贮时间不应超过3个月。

气溶胶采样膜采样前的最大存贮时间不应超过 6 个月。已采集的样品在台站最大存贮时间不应超过 45 d，实验室存贮时间不应超过 4 个月。

降水样品瓶采样前的最大存贮时间不应超过 12 个月。已采集的样品在台站最大存贮时间不应超过 90 d，实验室存贮时间不应超过 3 个月。

各类样品存贮时应避免阳光直射。

7.3 样品的运输

① 样品运输应使用专用的储运箱，必要时可外加安全防护箱。

② 样品装箱前应仔细核对样品编号，核查采样记录。采样记录等信息应随样品一起寄送样品分析单位。同时，台站应对有关采样记录等留底。

③ 样品应稳固地安装在储运箱内，四周应有缓冲材料。

④ 样品储运箱在运输中应轻拿轻放，外包装箱表面应明显贴有易碎、防震标志。

⑤ 降水样品在运输过程中，使用装有冷源(如蓝冰等)的专用储运箱。

⑥ 样品寄出后，填写相应的《样品寄送信息单》并发送至接收部门。

⑦ 样品接收部门接收样品后，依据《样品寄送信息单》检查样品种类、数量以及外观完好情况，如发现异常和损坏等，应详实记录并报告，同时通知样品发送单位。

7.4 样品的分析与资料汇交

① 所有样品应分类登记、妥善保存、及时安排分析。

② 应按有关规范和技术要求，在规定时间内对样品进行预处理、分析和后处理。

③ 样品分析数据、质控数据等相关信息应及时进行存贮、备份，按月对数据进行整编、归档，并汇交至国家级气象数据业务单位，各类数据的滞后不应超过 3 个月。

第8章 大气本底站职责分工

承担大气本底日常观测业务，按规定开展仪器设备日常巡视维护，如实填写各类日志、记录表，遇故障及时处理维修；按规定实时上传观测数据，按时寄送采样样品；做好各类原始观测数据文件备份和日志表簿的归档保存；按规定做好观测数据台站端质量控制，按要求开展观测产品加工制作；协助做好各类观测设备计量检定工作，按要求做好仪器设备现场校准、标校或检测；按要求做好仪器备件和耗材的购置、储备；做好气象探测环境日常巡视监控和保护工作；开展研究型业务相关工作。

8.1 业务人员

大气本底站业务人员根据职责分工，设观测组长、观测员、仪器保管员、档案管理员、实验室分析员等岗位，另可根据需要设立观测首席(关键岗)岗位。观测项目实行负责人制。

8.2 观测组长

观测组长一般从观测人员中指派，负责台站大气成分观测业务的管理工作，依照相关技术规定，结合本站实际制定本站的业务工作流程，并组织实施。

① 负责组织仪器设备的安装、维护检修、标校、比对以及配件耗材使用等工作，对本站观测业务工作中发生的异常或仪器故障等，应按照有关规定及时进行处理和上报。

② 负责按照检查制度组织台站月检查、年检查工作，负责按照大气成分观测业务质量考核办法组织实施本站大气成分观测业务工作质量考核、统计和总结工作。

③ 组织业务学习，监督本站业务人员执行相关技术规定及各项规章制度。

④ 负责组织完成上级部门交办的其他任务。

8.3 观测员

① 应接受过系统的业务技术培训，熟练掌握大气成分观测技术，取得省级或以上业务主管部门认定的业务岗位资格。

② 应全面了解大气成分观测的各项要求，遵守观测值班纪律。坚持实事求是，不得涂改、

伪造观测记录，严格按规范的要求完成观测任务。

③ 负责仪器和场地的日常巡检、常规维护、检修和标校等，保持仪器和场地处于良好状态。密切观察和记录可能对大气成分观测产生影响的干扰因素。在仪器设备出现异常或故障时，应及时报告并采取有效措施，尽快恢复。

④ 应及时、认真地完成各项观测操作，准确获取观测数据和质量控制信息，按规定完成观测资料的整理和报送。

⑤ 应积极参加业务主管部门组织的专项业务技术进修培训，不断掌握新的观测业务技术知识和新仪器的使用维护方法。

⑥ 应积极参加业务主管部门定期组织的考核。

8.4 仪器保管员

仪器保管员一般由观测人员兼任。

① 负责做好大气成分观测仪器设备、配件、耗材、化学试剂管理工作，负责编制本站备件、耗材需求计划，及时上报购买清单；负责建立出入库登记制度，准确完整记录进、出站的仪器设备、配件、耗材、化学试剂等，做到帐物相符。

② 负责建立、管理、更新大气成分仪器设备配件耗材记录簿。

③ 负责大气成分观测仪器设备技术管理工作，监督本站执行仪器设备维护检修标校制度的情况。对各种观测仪器设备、网络通信设备比较熟悉，具备维护检修能力，严格按照大气成分观测仪器维护检修和标定要求及时检修处理故障仪器，按时进行仪器测试、维护、标定。

④ 工作变动时，应妥善办理移交手续。对所管理的仪器设备、配件、耗材与化学试剂等要当面移交清楚，双方签字，以示负责。

8.5 观测项目负责人

为切实提高大气本底观测数据质量，各大气本底台站应实行观测项目负责人制度。各类大气本底观测项目，包括温室气体、反应性气体、气溶胶、酸雨、降水化学、辐射等，分别设第一负责人和第二负责人。

8.5.1 设置原则

观测项目负责人原则上应由工作时间超过一年的本底站业务人员担任，第一负责人不得兼任超过5项观测项目。

8.5.2 任职条件

项目负责人应参加过相关技术培训，具备该项目设备运行维护保障、故障排查解决、数据处理和分析的能力，熟练掌握负责项目的技术规范，熟悉仪器的技术性能和操作规范。

8.5.3 工作职责

项目工作任务由第一负责人制定和组织实施，第二负责人配合检查、核验，主要工作职责如下：

（1）制度规范

依照大气本底观测制度规范，结合各站实际，制定所负责项目的业务工作内容，包括仪器运行状态监控、日常巡视和检查、定期维护、标气量值溯源与标校、数据采集打包与上传原始数据备份、值班日志记录、值班注意事项等内容，并监督业务值班人员规范执行。

（2）设备管理

负责组织开展项目仪器设备的安装、测试和验收。建立仪器设备的台账，包括设备名称、生产厂家和型号、主要规格及技术参数、安装测试与验收情况、使用日期、设备历次维修维护和标校记录、设备改进与换型记录、备品备件及耗材储备等。

（3）质量监控

每月对仪器的监测记录及标定结果等进行检查和核对。及时审核、汇总、备份所负责项目的监测数据、原始值班记录和报表。监督值班人员对因传输故障造成的数据缺测进行补传，确保数据补传至省级信息中心。

完成本底站安排的相关质量统计工作，包括数据上传率、到报率和可用率，说明数据异常的原因。完成本底站安排的质量整改任务。

（4）维护巡检

负责按照业务工作流程和检查制度组织台站开展月检查、年检查工作，每月检查日检查表填报的规范性；参与本站该项目的年度巡检工作；负责对接国家级业务主管单位该项目相关工作，积极完成国家级业务主管单位安排的各项工作任务。

（5）维修保障

仪器设备发生故障且台站值班人员无法解决时，由项目负责人组织进行维修，如无法自行排除故障或恢复观测，应及时联系国家级业务主管单位该项目负责人、厂家技术人员。如24 h内无法解决，应及时报告本底站业务主管领导、省级装备保障业务部门并抄送中国气象局气象探测中心。

（6）计量检定

项目负责人依据相关技术要求，制订设备计量检定、校准、标校、比对计划，并定期对结果进行核验。需由省级业务部门和中国气象局气象探测中心进行计量的设备，积极配合实施。

8.5.4 管理与考核

项目第一负责人因工作原因离开台站半年以内，由台站负责人确定项目第二负责人进行项目负责；离开台站半年以上，应提前更换项目第一负责人，做好项目管理交接工作，签订项目交接单并报台站备案，人员调整时需要及时向国家级和省级业务主管部门报送。

项目负责人的考核与所负责项目的考核结果挂钩。项目负责人所负责项目出现数据重大质量问题未及时发现的，经本底站调查确定为项目负责人失职时，考虑取消本年度评优资格。在任职期间所负责项目各项考核均合格，或做出重大贡献的，本年度优先评优。

第9章　观测项目

大气本底观测业务、基本大气成分观测业务的观测要素及相应的实验室分析与标校业务内容由中国气象局确定；环境气象观测业务的观测要素及相应的实验室分析与标校业务内容由各级地方气象主管机构确定。

9.1　污染源

全球和区域大气本底站应调查拟选站周边 50 km 范围内的大气污染源、周边 10 km 范围内居民点和小作坊的基本情况。若拟选站址处于农业耕作地区，则还应了解农事活动，如施肥、农药喷洒和秸秆焚烧等可能造成局地污染的规律及分布。

9.2　污染气象条件

全球和区域大气本底站应收集拟选站最近 5～10 a 的地面风向、风速和污染系数资料。

如当地或附近无可供使用或参考的气象资料，应利用后向轨迹模式计算拟选站址在不同季节内的气团来向和频率；也可在拟选站址设立地面风向、风速等基本气象要素观测，以获取至少为期一年的地面气象观测资料。

9.3　基础设施条件

根据《大气本底站建设指导意见》(气发〔2018〕84 号)、《大气成分站选址要求》(QX/T 174—2012)应调查拟选站的供电、供水、防雷、道路、交通、通信等状况。

9.4　探测环境保护

大气本底站探测环境保护执行《气象设施和气象探测环境保护条例》《新建扩建改建建设工程避免危害气象探测环境行政许可管理办法》(中国气象局 29 号令)、《气象探测环境保护规范 大气本底站》(GB 31224—2014)、《气象探测环境保护规范 地面气象观测站》(GB 31221—

2014)相关管理和技术规定。

探测环境保护主责单位为大气本底站及所属单位;本底站所在地的市级气象局负责协助大气本底站做好气象探测环境保护工作,统一编制本行政区域气象探测环境保护专项规划及备案,做好气象探测环境保护执法、与地方政府及相关部门的沟通协调等相关工作。

第10章　数据获取

10.1　数据采集

大气本底观测数据的采集分为自动采集与手动采集两种方式。大气本底各要素数据采集应按照《大气成分观测业务规范(试行)》(气测函〔2012〕259号)、《大气成分观测数据采集作业指导书》开展，酸雨自动观测数据采集应按照《酸雨自动观测规范》(气测函〔2020〕157号)开展。

10.1.1　自动采集

自动采集方式主要是指由在线观测仪器自动采集观测数据的方式。

大气成分观测数据自动采集项目及采集频次按表10.1执行。

表10.1　大气成分观测数据自动采集信息表

类别	要素	数据记录频率	信号采集频率	数据传输频次
温室气体	CO_2	≤1 s	≤1 s	1次/h
	CH_4	≤1 s	≤1 s	1次/h
	N_2O	12 min	≤1 s	6次/h
	SF_6	12 min	12 min	6次/h
	HCFCs	65 min	12 min	定期人工拷贝数据
气溶胶	PM_{10}、$PM_{2.5}$、PM_1质量浓度	5 min		1次/h
	吸收特性	5 min		1次/h
	散射特性	5 min		1次/h
	光学厚度	每次观测记录1个文件		1次/d
	云凝结核	5 min		1次/h
反应性气体	O_3	5 min	10 s	1次/h
	SO_2	5 min	10 s	1次/h
	CO	5 min	10 s	1次/h
	NO、CO_2、NO_x	5 min	10 s	1次/h
臭氧柱总量	臭氧柱总量	1 h		1次/d

续表

类别	要素	数据记录频率	信号采集频率	数据传输频次
辐射	总辐射	1 min		1次/h
	散射辐射	1 min		1次/h
	直接辐射	1 min		1次/h
	紫外辐射	1 min		1次/h
	红外辐射	1 min		1次/h
	向上、向下长波辐射	1 min		1次/h
干/湿沉降	pH值	每日	1次/d*	1次/d
	电导率	每日		1次/d
其他	地面常规要素(温度、湿度、气压、风向、风速、地温、降水、云、能见度、天气现象等)	1 min		1次/min
	梯度气象观测数据(风向、风速、温度、湿度、气压)	5 min		1次/h

* 在一个降水采样日内,无论降水是否有间歇及间歇长短,降水量达到1.0 mm时,应采集一份降水样品。

10.1.2 手动采集

手动采集方式是指台站通过借助于相关仪器设备,经人工辅助采集或补充采集观测数据的方式。

大气成分观测数据手动采集项目及采集频次按表10.2执行。

表10.2 大气成分观测数据手动采集信息表

类别	主要内容	要素	采集频次
温室气体	玻璃样瓶采样与分析	CO_2、CH_4、CO、N_2O、SF_6、H_2及CO_2中的碳和氧同位素	1对/周
	不锈钢罐采样与分析	HFCs、PFCs等	1对/周
	档案气体采集	全空气样品	2瓶/a
气溶胶	膜采样与分析	OC、EC、K^+、Na^+、$NH_4{}^+$、Ca^{2+}、Mg^{2+}、Cl^-、$SO_4{}^{2-}$、NO^{3-}、质量浓度及金属元素	2个/周
臭氧柱总量及廓线	O_3垂直廓线探空	O_3垂直分布	1次/周
湿沉降	降水pH值及电导率	pH值、电导率	1次/d(有降水时)*
	降水采样与分析	K^+、Na^+、$NH_4{}^+$、Ca^{2+}、Mg^{2+}、F^-、Cl^-、$SO_4{}^{2-}$、NO^{3-}	1次/d(有降水时)

* 在一个降水采样日内,无论降水是否有间歇及间歇长短,降水量达到1.0 mm时,应采集一份降水样品。

10.2 人工采样样品寄送

各类采样样品及采样所需瓶(罐、膜)、中国气象局气象探测中心寄送台站所需工作标气的寄送时间要求见表10.3,寄送时间以承运部门接收样品时间为准。

表 10.3　人工采样项目样品及采样瓶(罐、膜)邮寄时效表

名称	邮寄频次	数量	邮寄时间	备注
气溶胶采样新膜	1次/3个月	30张/站	1月、4月、7月、10月前5个工作日	中国气象局气象探测中心寄送给台站
气溶胶膜采样样品	1次/2个月	18～20张/站	1月、3月、5月、7月、9月、11月前5个工作日	台站寄送中国气象局气象探测中心
气溶胶空白样膜	1次/2个月	2张/站	1月、3月、5月、7月、9月、11月前5个工作日	台站寄送中国气象局气象探测中心
温室气体瓶采样空瓶	1次/月	8～10瓶/站	每月前5个工作日	中国气象局气象探测中心寄送台站，如果台站温室气体在线观测设备故障，需要加密人工采样，中国气象局气象探测中心应根据台站的需求，及时寄送采样空瓶。寄送到瓦里关采样空瓶数量为16～20瓶
温室气体瓶采样样品	1次/月	8～10瓶/站	每月前5个工作日	台站寄送中国气象局气象探测中心，瓦里关寄送的采样样品数量为24～30瓶
温室气体罐采样空罐	1次/月	8～10瓶/站	每月前5个工作日	中国气象局气象探测中心寄送台站
温室气体罐采样样品	1次/月	8～10瓶/站	每月前5个工作日	台站寄送中国气象局气象探测中心
降水化学样品采样瓶	2次/a	根据需要确定	每年3月、8月前5个工作日	中国气象局气象探测中心寄送台站
降水化学样品	3次/a	1月1日至4月30日采集的样品	5月前5个工作日，10月前5个工作日，次年1月前5个工作日	台站寄送中国气象局气象探测中心
		5月1日至9月30日采集的样品		
		10月1日至12月31日采集的样品		
档案气空瓶	1次/a	4～5个	每年3月前5个工作日	中国气象局气象探测中心寄送瓦里关
温室气体标气空瓶	2次/a	35个/(站·次)	每年3月、8月前5个工作日	中国气象局气象探测中心寄上甸子、瓦里关
温室气体预标标气	2次/a	35个/(站·次)	6月前5个工作日，11月前5个工作日	上甸子、瓦里关寄中国气象局气象探测中心
温室气体精标工作标气	2次/a	根据保证业务正常运行的需求确定	每年1月、8月上旬	中国气象局气象探测中心寄送台站
温室气体标气空瓶			换下后1个月内寄出	台站寄中国气象局气象探测中心

大气成分观测样品、采样瓶(罐、膜)、设备、标准气体及其他相关物品寄送时,发件方应在综合气象观测业务运行信息化平台中填报,并告知收件方预计到达时间。收件方收到样品(物品)后,应在 24 h 内书面告知发件方。若样品(物品)在预计时间内未收到或收到后出现损毁,收件方应在 24 h 内书面告知发件方,由发件方负责追查样品(物品)下落和处理善后事宜,并报上级业务主管部门,业务主管部门应及时报告中国气象局综合观测司。

发件方在邮寄物品时,应根据物品特性采取安全防护措施,同时对邮寄物品进行保价,保价金额不得低于物品的实际价值。收件方和发件方应充分考虑重大活动等特殊情况对样品(物品)寄送的影响,统筹安排寄送工作,确保业务正常运行。确实不能按要求寄送的,发件方应及时向上级业务主管部门报告。

发件方、收件方应建立样品(物品)寄送、接收信息登记制度,寄送、接收信息单应及时归档保存。

人工采集样品由中国气象局气象探测中心进行实验室分析。

10.3 观测资料分类及编码

为便于数据存储、传输、交换和服务,大气本底观测业务数据应使用规范统一的资料分类、编码和数据格式。依据《气象数据存储管理办法(试行)》数据分类定义大气本底观测资料属于环境气象数据之一。大气本底观测资料种类和部分要素种类的标识符详见表 10.4 和表 10.5,详见《大气成分观测资料分类与编码》。

表 10.4 观测资料种类的标识符

项目代码	观测资料种类	标识符	内容说明
1	温室气体	GHG	包括 CO_2、CH_4、N_2O、SF_6、氯氟烃等温室气体
2	气溶胶资料	AER	包括 TSP、PM_{10}、$PM_{2.5}$ 等质量浓度、吸收特性、散射特性、凝结核、云凝结核、光学厚度、化学成分、激光雷达等
3	反应性气体资料	REG	包括 SO_2、CO、NO、NO_2、NO_x 等
4	大气辐射资料	RAD	包括总辐射、直接辐射、散射辐射、红外辐射、紫外辐射、向上或向下长波辐射资料等
5	大气臭氧资料	OZO	包括臭氧柱总量及廓线、臭氧探空、地面臭氧资料等
6	气象要素	MET	包括温、压、湿、风、云、能、天等气象要素及气象要素梯度观测等资料

表 10.5 部分观测要素种类的标识符

项目代码	观测要素种类	标识符	说明
1	散射特性	ASP	
2	多要素	MUL	资料中包含两个以上的要素
3	向上长波辐射	OLR	
4	向下长波辐射	DLR	

续表

项目代码	观测要素种类	标识符	说明
5	吸收特性	AAP	AE31,AE33
6	数浓度谱	NSD	Grimm180
7	多要素质量浓度	PMMUL	仪器 GRIMM180
8	PM_{10}、$PM_{2.5}$质量浓度	$PM_{10}/PM_{2.5}$	
9	凝结核	CN	
10	能见度	VIS	
11	地面 O_3	O_3	OZO 项目
12	气溶胶化学膜采样	PCM	
13	自动气象站	AWS	
14	80 m 气象梯度	MET80	

第 11 章 数据文件命名规则

大气本底观测业务数据文件命名应符合《气象数据传输文件命名》。现有数据文件名包含但不限于表 11.1。

表 11.1 大气本底观测数据文件命名

观测项目	文件名
辐射(多要素)	Z_CAWN_I_IIiii_yyyymmddhh0000_O_RAD－FLD－MUL. TXT
反应性气体	Z_CAWN_I_IIiii_yyyymmddhh0000_O_REG－FLD－MUL. TXT
吸收特性	Z_CAWN_I_IIiii_yyyymmddhh0000_O_AER－FLD－AAP. TXT
气溶胶质量浓度	Z_CAWN_I_IIiii_yyyymmddhh0000_O_AER-FLD-PMMUL-TED. TXT
散射特性	Z_CAWN_I_IIiii_yyyymmddhh0000_O_AER-FLD-ASP. TXT Z_SAND_NEP_C5_xxxxx_yyyymmddhh0000. TXT
温室气体(CRDS)	Z_CAWN_I_IIiii_yyyymmddhhMMss_O_GHG-FLD-CO2CH4-CRDS-仪器序列号 . bz2 Z_CAWN_I_IIiii_yyyymmddhhMMss_O_GHG-FLD-CO2CO-CRDS-仪器序列号 . bz2
温室气体(双通道色谱)	Z_CAWN_I_IIiii_yyyymmddhhMMss_O_GHG-FLD-观测层次-观测设备 . bz2
气溶胶光学厚度(太阳光度计)	Z_CAWN_I_Iiiii_YYYYMMDD000000_O_AER-FLD-AOD. RAR
臭氧柱浓度	Z_CAWN_I_Iiiii_YYYYMMDD000000_O_OZO-FLD-TOZ. RAR
酸雨日数据文件	Z_CAWN_I_IIiii_yyyyMMddhhmmss_O_AR_FTM[-CCx]. txt
酸雨月数据文件	Z_CAWN_I_IIiii_yyyyMMddhhmmss_O_AR_MON[-CCx]. TXT
酸雨自动观测分钟文件	IIiii_acidrain_value_YYYYMMDDhhmmss. txt

第12章 数据传输及处理

根据《大气成分温室气体观测数据传输管理》(MCQD－05－06)、《大气本底观测业务管理规定(试行)》(气测函〔2023〕218号),大气本底观测业务数据传输是指自动采集数据、手动采集数据和相关信息文件通过气象通信系统传输到省级气象信息部门和国家气象信息中心,以及人工采样样品的寄送。

12.1 自动采集数据传输

① 自动采集的观测数据由台站实时将大气本底观测业务观测数据及相关信息文件上传至省级气象信息部门。

② 省级气象信息业务单位应对本省大气成分观测数据及相关信息文件进行归档和文件传输质量监控,并将文件实时上传至国家气象信息中心。

③ 国家气象信息中心对大气成分观测数据及相关信息文件进行归档和文件传输质量监控,并将文件实时分发给中国气象局气象探测中心和中国气象科学研究院。

④ 台站自动观测数据文件一般每小时传输1次,应在正点后30 min内完成传输。台站质量控制信息等文件的传输频率为每日1次。

⑤ 自动采集的观测数据经中国气象局气象探测中心进行实时和非实时质量控制后按时限汇交国家气象信息中心。中国气象局气象探测中心应于正点前完成上1小时数据的实时质控并汇交;每年3月底前完成上一年度数据非实时质控并汇交。

12.2 手动采集数据传输

人工采样项目数据应由中国气象局气象探测中心按时效要求完成数据分析、质控,通过通信系统汇交至国家气象信息中心。汇交时效见表12.1。

表12.1 人工采集项目观测数据汇交时效

序号	项目名称	汇交时间(从收到样品之日算起)
1	气溶胶质量浓度	45个工作日
2	气溶胶离子成分	45个工作日
3	气溶胶有机碳、气溶胶元素碳	45个工作日

续表

序号	项目名称	汇交时间(从收到样品之日算起)
4	气溶胶元素成分	45个工作日
5	温室气体瓶采样气体浓度分析数据	45个工作日
6	温室气体罐采样卤代温室气体分析数据	45个工作日
7	温室气体瓶采样同位素分析数据	45个工作日
8	降水化学样品,9种离子成分浓度数据	45个工作日

12.3 大气本底观测业务软件

大气本底观测国家级业务信息化平台包括"国家级综合气象观测业务系统"(天衡天衍)、"综合气象观测业务运行信息化平台"(天元)等。

大气本底观测台站级业务软件包括:大气成分观测业务软件(ACOS)、地面综合观测业务软件(ISOS)及部分观测设备端数据采集程序(如太阳光度计实时数据读取生成软件ASTP-win/PhotoGetData、温室气体PICARRO数据实时读取软件CRDS Data Viewer、色谱数据实时读取软件Instrument1 online、梯度气象实时采样入库程序start-servers等)。

大气本底观测业务软件由中国气象局气象探测中心牵头开发,实行版本控制,每次更新后均需要修改相应版本号,经中国气象局综合观测司组织测试验收合格后统一发布。

12.4 数据处理

12.4.1 数据质控

大气本底观测应按照规定的质量控制方法进行观测数据的质量控制,以保障观测数据的准确性。

12.4.2 台站级数据质量控制

大气本底观测站负责观测现场质量控制信息采集与录入。随时记录仪器设备运行状况、仪器设备维护检修状况、站点周边可能对观测结果产生影响的活动、天气现象等,应详细记录各事件发生的开始、结束时间以及事件的相关内容。

12.4.3 国家级数据质量控制

国家级数据质量控制由中国气象局气象探测中心开展。目前,中国气象局气象探测中心主要依托"国家级综合气象观测业务系统"(天衡天衍)对台站实时观测数据实施质控;依托"综合气象观测业务运行信息化平台"(天元)对台站元数据信息进行管理、对实验室样品分析数据实时质控。

12.4.3.1　一级或初级质量控制

① 对观测数据文件名称、格式等进行检查，确保数据文件命名和格式的正确性。

② 对观测数据的时间序列进行检查，以特定编码对缺失的观测数据进行插补，确保观测数据的完整。

③ 对观测数据文件中的各组数据内容进行检查，确保观测数据被正常采集和保存。

④ 对观测数据文件中各组数据的合理性进行检查，对明显异常和不合理的数据进行标注。

⑤ 根据现场标校数据和信息，以及其他相关辅助信息和数据，对观测数据进行订正处理。

⑥ 根据观测现场质量控制信息和编码，对观测数据的状态进行标注。

12.4.3.2　二级质量控制及复查

① 对实时上传的观测数据文件的及时率、到报率、完整率等情况进行检查。

② 对观测数据的完整性、观测要素的合理性等进行复查。

③ 根据质量控制信息，对观测数据状态的标注进行复核，对不正确的及时反馈台站进行更正。

④ 根据现场标校数据和信息，以及其他相关辅助信息和数据，对订正数据进行复核。

12.4.3.3　三级质量控制

① 对观测数据的空间一致性进行检查。

② 结合相关信息和数据，对观测要素的有效性、气候学极值等进行检查。

③ 结合其他相关要素数据和信息，对观测数据进行相关分析和检查。

④ 根据标准传递、比对或标校数据和信息等，对观测数据进行再订正和处理。对数据质量状况进行评估。

12.4.4　数据筛分

数据筛分是分离出未受局地和区域因素影响的“本底”数据，在此基础上给出大气本底特征，确定观测资料的时空代表性。筛分方法的选取无统一规定，一般结合各站实际进行探索和选择。

12.4.5　数据拟合

经过筛分的数据在时间上并非是连续的，因此要结合相应的统计方法对观测到的变化趋势进行拟合，然后根据拟合的结果对缺测和标记掉的数据进行相应的插补，最终获得完整有效的数值序列。国际上有多种拟合插补的方法，Thoning 等的曲线拟合方法是常用方法之一。

12.4.6　统计计算

由于大气成分观测仪器设备性能的特殊要求，以及与观测站点及周边环境状况等有着极为密切的关系，因此，大气成分观测数据应进行严格的质量控制，然后再进行相关的处理、统计与分析。在进行时、日、月、年平均计算时，应同时给出平均值、中值、标准差、样本数以及最大值、最小值等，小时平均数据的时间段为记录生成的末端时刻，时间体制为国际标准时。

12.5 产品研发与制作

国家级大气本底数据产品主要包括《大气环境气象公报》《中国温室气体公报》(含其解读材料)、《中国气候变化蓝皮书》及各本底观测要素历史数据集等。

12.6 数据存储与归档

① 大气本底观测站应在次月10日前对各类人工观测纸质记录完成整编,并进行抄录、校对、影印(复印、扫描)或按规范要求进行信息化处理、归档。纸质记录簿、表应在站留存底本,并定期检查,确认无损或错漏丢失,并应对观测数据资料复制备份,异地保存。

② 省级气象信息业务部门负责本省本底观测数据的收集、传输、存储,并分发共享台站上传的实时数据和国家气象信息中心分发共享的质控后数据。

③ 国家气象信息中心负责全国范围数据的收集、存储,并分发共享大气本底实时观测数据和质控后数据。

④ 中国气象局气象探测中心对人工采集样品进行实验室分析,制作并填写分析记录单,分析记录单应及时归档保存。

⑤ 国、省两级气象信息业务部门对数据存储要求详见《气象数据存储管理办法(试行)》。

12.7 数据质量评估与改进

12.7.1 数据质量评估

① 评估准则:包括数据完整性、数据一致性、数据准确性、数据时效性等。

② 评估指标:包括但不限于数据缺失率、数据错误率、数据重复率、数据一致性比例等。

③ 数据分析:通过对数据进行全面的分析,找出其中存在的问题。例如,某些数据的准确性较低、某些字段存在缺失值、某些记录存在重复等问题。这些问题将作为后续改进的依据。

④ 改进措施:针对评估过程中发现的问题,提出相应的改进措施,包括对数据的校验、对数据的修正、对数据的筛选等。

12.7.2 数据质量改进规定

在发现数据质量问题时,要确定相关责任人和责任单位。对于数据质量改进较好的单位和个人给予表扬;对于数据质量改进较差的单位和个人予以通报批评。

第13章 运行保障

13.1 业务工作制度

大气本底观测业务工作制度包括：日常值班制度，交接班制度，仪器设备维护检修标校制度，检查制度，报告制度，观测场地(室)管理制度，仪器设备、配件、耗材、样品管理制度，学习制度，高压气体及危险品安全制度。

13.2 观测运行监控

13.2.1 装备运行监控

大气本底观测装备运行监控由国、省二级承担，台站对国、省监控反馈信息进行处置，依托综合气象观测业务运行信息化平台(天元)开展。通过观测装备运行监控，及时发现与反馈问题，提高大气本底观测装备故障维修处理时效。

① 对国、省两级监控反馈信息进行核查，应急响应或进入特别工作状态、重大活动气象保障服务期间以及08—18时时间段内2 h内完成异常情况甄别，18时至次日08时时间段内12 h内完成异常情况甄别，并按实际情况决定是否取消告警或开展后续业务工作，判断为设备故障的，立即启动维修流程。

② 台站根据本站观测装备运行工作要求和值班流程，开展装备日常监控，及时向省级业务部门反馈设备故障、维修进展、人工采样及样品寄送等情况。

13.2.2 数据运行监控

数据运行监控由国、省、站三级承担，依托综合气象观测数据质量控制系统(天衡天衍)、气象资料业务系统(MDOS)和综合业务实时监控系统(天镜)开展。数据运行监控通过对数据质量控制过程和数据传输运行过程监控，及时发现与解决问题，提高观测数据可用性和传输时效。

台站负责本站大气本底观测数据的采集、传输等运行监控和台站级质量控制。

① 制定本站观测数据运行监控的工作要求和值班流程，开展本站数据日常监控。

② 国、省两级监控信息反馈或监控平台数据质量异常报警后，台站值班人员通过查验数

据变化情况、浓度数据对比、实况观测等,判断数据的正确性,并及时反馈。对判定设备故障引起错误数据的,立即启动装备维修流程。部分观测项目还应启动备选观测程序。

③ 国、省两级监控信息反馈或监控平台数据传输异常报警后,台站值班人员应立即核实情况,排查问题,确定是设备故障时,应启动维修流程。部分观测项目还应启动备选观测程序。

13.3 观测装备维护

大气本底观测装备维护任务由省、站两级承担,中国气象局气象探测中心负责规范制定和技术指导,依托综合气象观测业务运行信息化平台(天元)开展。大气本底观测装备维护工作程序:分析和明确维护内容—制定和实施维护方案—记录和上传观测装备维护结果—分析观测装备维护效能。各环节具体工作和要求如下:

(1)各单位维护工作内容

负责本站大气本底观测设备的日、周、月维护,配合省级业务部门完成年维护。负责本站大气本底观测设备的维护信息天元平台的填报工作,以及设备维护记录整理、归档工作。

(2)维护方案制定及实施

① 台站应制订本站每台仪器设备年度维护计划,省级业务单位应制订或审核(委托外供方开展时)大气本底装备年维护方案。

② 制定年度维护方案时,应关注站点所处地区的污染情况、维护的时间节点等,需要考虑仪器仪表等资源准备,识别上一年度维护发现的风险与问题,作为本年度的维护重点。

③ 各类大气本底观测设备日、周、月维护内容、周期及其他要求,参照各类观测项目观测规范或技术手册。

④ 各类大气本底观测设备日、周、月维护方法参见各类规范项目观测规范或技术手册。具体为:温室气体、臭氧、气溶胶、反应性气体观测设备维护方法参见《大气成分观测业务规范(试行)》《大气成分观测业务技术手册》(气测函〔2013〕314 号)、《大气成分温室气体观测设备维护维修管理》(MCQD-05-05);干湿沉降观测设备维护方法参见《酸雨自动观测业务规范(试行)》;辐射和地面气象要素观测设备维护执行相应地面要素观测规范。

(3)维护记录及结果确认

① 维护工作中,维护单位应认真填写相关的维护记录表,记录维护过程,并定期归档保存。

② 维护单位应对设备维护结果进行确认,当确认维护结果有问题时,应进行判断,确定设备异常或故障,启动观测设备维修程序。

③ 维护活动结束后,维护单位应通过信息化平台完成维护单填报,常规日、周、月维护单填报应在结束后 24 h 内完成,年维护单填报应在结束后 3 d 内完成。

④ 维护活动结束后,维护单中的基本信息、维护项等必填信息应完整、规范、准确填写,并根据维护活动情况选填备件申请、换件记录、定标等信息。

⑤ 年维护工作结束后,应形成维护工作报告,并报送上一级业务部门和本级管理部门。

13.4 监督检查及效能评估

① 中国气象局统一组织的大气本底业务年度业务检查应包括装备维护业务检查。

② 国家和省内观测质量管理体系年度内审应包括本底站装备维护业务。

③ 通过各类检查结果通报对维护工作进行效能评价。

13.5 观测装备维修

大气本底观测装备维修任务由国、省、台三级承担，温室气体观测设备维修由台站和中国气象局气象探测中心承担，其他大气本底观测装备维修由台站和省级业务部门承担，依托综合气象观测业务运行信息化平台（天元）开展。观测装备维修工作程序：设备故障出现—台站现场诊断及维修—向上级保障机构申请支持—国、省保障机构响应故障申请。

根据《大气成分观测设备维护标校作业指导书》（XJ65-Y-ZBZX-QI-09）、《大气成分观测设备维修县级作业指导书》（XJ65-Y-ZBZX-QI-10）、《大气本底观测业务管理规定（试行）》（气测函〔2023〕218 号），大气本底站观测仪器设备发生故障后，台站应及时组织维修，在 24 h 内无法排除故障或恢复观测的，应按职责申请上一级保障机构维修。

大气本底站观测仪器设备发生故障后，应及时在信息化平台中填报故障单。故障单填报时限要求：

① 地面自动气象站设备故障，应急响应或进入特别工作状态和重大活动气象保障服务期间 1 h 内、汛期 2 h 内、非汛期 3 h 内（08—18 时）。

② 大气成分观测等设备故障，应急响应和重大活动气象保障服务期间 2 h 内、汛期 6 h 内、非汛期 12 h 内。

③ 遇网络故障等原因无法在平台填报时，应在上述时限内告知省级业务单位，并待网络恢复后 6 h 内在平台中补填。

台站应及时在信息化平台故障单中更新故障处理过程。地面自动气象站故障，应急响应、重大活动气象保障服务及汛期每日至少更新 1 次故障维修活动，非汛期若维修活动无进展可不更新。

在故障维修结束后 3 h 内关闭故障单，填写真实的故障维修结束时间，完成故障维修小结。

因故障维修需关闭气象设备时需在停机开始 1 h 内，通过信息化平台中发布停机通知。停机结束后 1 h 内填写停机结束时间，关闭停机通知。观测业务装备计量检定。

13.6 计量要求

各级业务部门需依据相关技术要求，定期对各类观测设备进行计量检定、校准、标校、比对，职责分工和周期见表13.1。

表13.1 大气本底观测仪器计量内容时间要求和实施单位

类别	设备名称	标校内容	标校周期	标校单位
温室气体	光学法温室气体分析系统、气相色谱分析仪系统、气相色谱-质谱联用观测系统	工作标气标校		台站(自动)
	光学法温室气体分析系统、气相色谱分析仪系统、含卤温室气体观测系统	比对标气标校	1次/a	中国气象局气象探测中心负责，台站协助
气溶胶	气溶胶质量浓度监测仪(振荡微天平法、激光散射法、贝塔射线法)	流量检查(激光散射法、贝塔射线法)	1次/3个月	台站
		流量校准、温度比对、压力比对	1次/a	省级业务部门
		湿度比对(贝塔射线法)	1次/a	省级业务部门
		标准膜K0值校准(振荡微天平法)	1次/a	中国气象局气象探测中心
		粒子计数阈值校准(激光散射法)	1次/a	中国气象局气象探测中心
	气溶胶吸收监测仪——黑碳气溶胶观测仪	流量检查	1次/3个月	台站
		流量校准	1次/a	省级业务部门
		零点检查	1次/2个月	台站
	气溶胶散射监测仪——浊度仪	人工零点、跨点检查，全校准	1次/月	台站
		自动零点检查	每日	台站
		标气量值传递	1次/a	中国气象局气象探测中心
	气溶胶光学厚度监测仪——太阳光度计	室内标准光源校准	1次/a	中国气象局气象探测中心
		平行比对、长法校准	1次/a	中国气象局气象探测中心
	FD12能见度仪	两点检查校准	1次/3个月	台站
	便携式气溶胶采样器	流量检查	每次采样前	台站
		流量校准	1次/a	台站

续表

类别	设备名称	标校内容	标校周期	标校单位
反应性气体	臭氧分析仪、氮氧化物分析仪、二氧化硫分析仪、一氧化碳分析仪	零点、跨点检查	1次/d或1次/周	台站自动/人工
		多点校准	1次/月	台站
	臭氧标定仪	量值传递	1次/2 a	中国气象局气象探测中心 省级业务部门 （送国家计量院）
	NO、SO_2、CO标气	量值传递	1次/2 a	中国气象局气象探测中心
	动态校准仪	流量校准	1次/a	省级业务部门
臭氧总量	臭氧总量	平行比对	1次/2 a	中国气象局气象探测中心
辐射	辐射多要素	校准	1次/a	中国气象局气象探测中心 （计量站）
酸雨及降水化学	酸雨观测设备	设备检定	1次/a	省级业务部门（送检）
		样品考核	1次/a	中国气象局气象探测中心 寄送盲样
国家级实验室：气溶胶	实验室气溶胶天平	设备校准	1次/a	中国气象局气象探测中心 （送国家计量院）
	实验室气溶胶碳分析仪	设备校准	更换校准气或氧化管时	中国气象局气象探测中心
	实验室气溶胶离子色谱	设备校准	1次/2 a	中国气象局气象探测中心 （送国家计量院）
	实验室气溶胶X射线荧光光谱仪	设备校准	需要时用标准膜校准	中国气象局气象探测中心
国家级实验室：酸雨与降水化学	实验室酸雨观测设备	设备校准	1次/a	中国气象局气象探测中心 （送国家计量院）
	实验室降水化学原子吸收分光光度计	设备校准	有需要时检定，一般为1次/a	中国气象局气象探测中心 （送国家计量院）

续表

类别	设备名称	标校内容	标校周期	标校单位
国家级实验室：酸雨与降水化学	实验室降水离子色谱	设备校准	1次/2 a	中国气象局气象探测中心（送国家计量院）
其他	常规地面气象观测设备、梯度气象观测	设备标校	按地面检定规程执行	省级业务部门

省级业务部门进行计量的设备，应尽量开展现场标校、比对。中国气象局气象探测中心进行计量的设备，由省级业务部门组织到中国气象局气象探测中心进行计量。中国气象局气象探测中心统筹考虑制订全国各类大气本底观测设备计量计划，尽量减少因计量而造成的停机时间。

计量检定、校准、标校、比对工作完成后，需出具计量报告，由设备所在单位负责将计量报告按要求上报省级业务部门，并在本单位归档保存。

13.6.1 计量方法

大气本底观测仪器（计量器具）应通过规定的技术方法进行计量溯源，尚未制定计量技术规范的，由业务承担单位制定临时技术方法，按管理体系要求经方法确认后实施。现有计量技术方法见表13.2。

表13.2 大气本底观测仪器计量技术方法

观测仪器或要素	计量方法
CO、CO_2和CH_4标气制备	QX/T 215—2013《一氧化碳、二氧化碳和甲烷标气制备方法》
气溶胶质量浓度 PM_{10}、$PM_{2.5}$质量浓度	QX/T 307—2015《大气气溶胶质量浓度观测 锥管振荡微天平法》，QX/T 476—2019《气溶胶 PM_{10}、$PM_{2.5}$质量浓度观测规范 贝塔射线法》，QX/T 205—2019《GRIM180 颗粒物浓度监测仪标校规范》
太阳光度计	QX 2780—2015《CE318 太阳光度计观测规程》第8部分（室内标定），QX/T 533—2019《太阳光度计标校技术规范》（室外标定）
光学衰减法黑碳仪	QX/T 271—2015《光学衰减法大气颗粒物吸收光度仪维护与校准周期》第3部分
浊度仪	QX/T 306—2015《大气气溶胶散射系数观测——积分浊度法》
地面臭氧	QX/T 71—2017《地面臭氧观测规范》第7部分
臭氧柱总量	QX/T 532—2019《Brewer 光谱仪标校规范》
常规地面要素	按照地面观测相关计量方法执行

13.6.2 国际比对

大气本底观测各要素国际计量比对见表13.3。

表 13.3 大气本底观测各要素国际计量比对表

项目类别	观测要素及系统	国际标校比对周期	主要内容
温室气体	CO_2	24 个月	WMO 标准气比对
	CH_4	24 个月	WMO 标准气比对
	N_2O	24 个月	标准气标校
	SF_6	24 个月	标准气标校
	HFCs	24 个月	标准气溯源
	PFCs	24 个月	标准气溯源
气溶胶	PM_{10}、$PM_{2.5}$、PM_1 质量浓度(GRIMM)	36 个月	仪器标校
	光学厚度	24 个月	仪器标校
	化学成分	24 个月	国际实验室比对
反应性气体	地面 O_3	不定期	WMO 组织仪器标校
	SO_2	12 个月	标准气标校
	CO	12 个月	标准气标校
	NO、NO_2、NO_x	12 个月	标准气标校
臭氧柱总量	臭氧柱总量及反演廓线	24 个月	仪器标校

第14章　大气成分观测业务案例分析

14.1　气相色谱法温室气体观测系统设备故障及处理方法

14.1.1　故障现象:FID检测器点火失败或运行中途因为转换法的切换而导致熄火

原因分析:系统或阀动作异常;喷嘴堵塞;氢气、零空气和氮气等辅助气体流量异常;FID检测器本身故障。

解决办法:对系统运行方法微调;检查并清理喷嘴;调整辅助气体流量;清洗FID检测器。

14.1.2　故障现象:基线不稳定,噪声、漂移和检测器的基流等超出仪器要求的最低指标

原因分析:氢气、空气和氮气配比不适当;气路出口管道有冷凝物或异物;仪器接地不良或震动过大;柱室温控不稳、检测室温控有波动或漂移;载气不干净、气路被污染、载气气路中漏气、载气压力过低或快用完;柱填充物松动;柱中固定相流失;载气流速过高;气路系统有漏气;火焰离子室受潮或收集极绝缘不良;仪器环境中尘埃太多。

解决办法:调整氢气、空气和氮气配比;清除气路出口管道中的冷凝物或异物;检查并调整仪器接地情况,减少震动;稳定柱温和检测室温度;更换载气,检查气路是否漏气,调整载气压力;固定柱填充物;老化柱子,或更换新柱子;降低载气流速;检查气路系统,确保密封良好;干燥火焰离子室,确保收集极绝缘良好;清洁仪器环境,减少尘埃。

14.1.3　故障现象:气路故障,流量不能稳定地调节到预定值

原因分析:气路系统有漏气或堵塞;减压阀或稳压阀故障;气源压力不足或波动;流量控制阀件被污染或损坏。

解决办法:按照气体走向顺序查到具体故障位置,进行消漏或清堵;更换减压阀或稳压阀。调整气源压力至合适范围内,使其有稳定的输出;清洗阀件,如有必要,进行更换。

14.1.4　故障现象:出现前延峰或拖尾峰

原因分析:样品在系统中冷凝;载气流速太低;进样口汽化温度太低;两个峰同时出现。进样量过大,造成色谱柱过载;色谱柱有固体碎屑;柱子使用不当或柱性能下降,样品与载体发生

相互作用；柱温太低；进样气管有污垢。

解决办法：适当升高汽化室、色谱柱和检测器的温度；重复进样，提高进样技术；适当提高载气流速；升高进样口的温度，以缩短汽化时间；优化色谱条件，必要时更换色谱柱；改小定量管；老化柱子；重选色谱柱，改用极性较强的填料；适当提高柱温；清洗或更换进样气管。

14.2 温室气体在线观测系统(Picarro)常见故障与处理方法

14.2.1 故障现象：二氧化碳测量值漂移故障

原因分析：仪器内部故障，暖箱(WB)温度异常，正常情况下一般为 44 ℃左右，但系统出现漂移故障后暖箱温度为 50 ℃以上。因此，怀疑是此处异常导致系统出现测量时的漂移。

解决办法：打开系统暖箱，更换损坏的散热风扇，使暖箱温度恒定，仪器恢复正常。建议在日检查时注意控制软件提示，发现此类情况及时更换暖箱风扇，并定期做好仪器除尘维护。

14.2.2 故障现象：监测数据不全

系统产生的小时压缩文件仅有 3 k，没有监测数据，重启系统后恢复正常。情况重复出现，均以重启系统解决。

故障分析：控制程序运行一段时间后，程序时间和计算机系统时间会出现偏差，控制程序的时间慢于计算机系统时间，时间越久，偏差越大。计算机系统时间与控制程序显示时间不一致导致文件压缩程序开始运行时无法找到准点的监测数据，从而导致产生的小时文件没有监测数据。

解决办法：优化系统、清理数据、整理空间，定期清理系统磁盘，保证足够的存储空间。

14.2.3 故障现象：系统电源故障

仪器电源灯亮，但按下电源开关后，系统计算机无反应，无法正常开机。

故障分析：检查确定输入电源及电源线插头正常，怀疑为计算机系统电源故障。

解决办法：配备不间断电源，长时间停电时，需注意不间断电源的供电时间。突然停电、来电不仅会损坏系统电源部分，还有计算机系统文件丢失的风险，从而导致无法启动计算机。

14.3 CE318 太阳光度计出现小写“s”或“b”报错解决流程

14.3.1 数据出现小写“s”时

解决办法：

① 出现小写“s”报错码后，重新拔插控制箱连接板。

② 未恢复则检查有无温度。

③ 无温度则测试数据线是否 22 针连通，不连通则更换。

④ 联通则用万用表测量外部电池电压是否大于 12 V，进行充电或更换。

流程图见图 14.1。

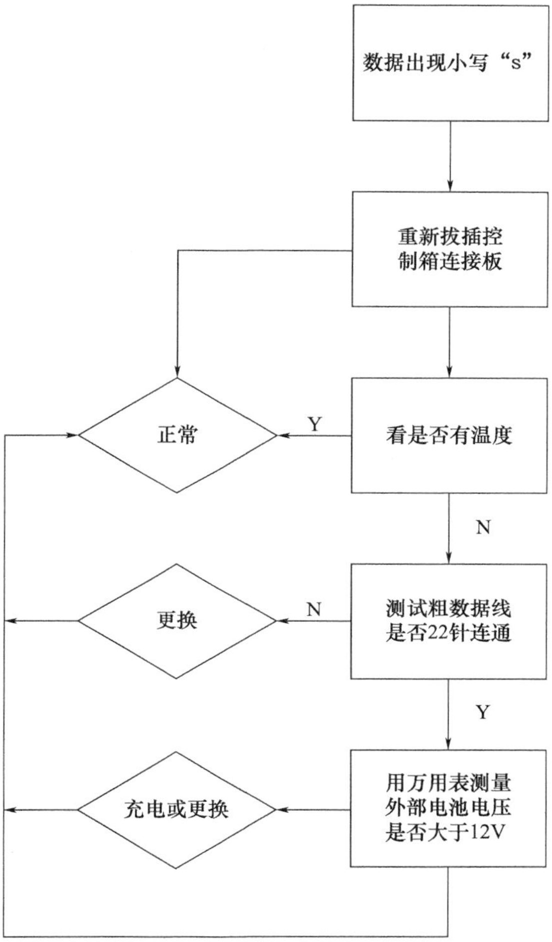

图 14.1　CE318 太阳光度计出现小写“s”报错解决流程图

14.3.2　数据出现小写“b”时

解决办法：

① 检查仪器是否绕线，若有则进行调整恢复正常，若无则进行下一步。

② 判断内部电池电量是否大于 5 V，若否，则充电或更换。

③ 判断外部充电器是否大于 15 V，若否，则更换。

④ 判断外部电池电量是否大于 12 V，若否，则充电或更换。

⑤ 执行 park 命令，若毫无反应，检查 AZ（平转）和 ZN（俯仰）两个方向的微开关触碰反馈，AZ 电信号力度反馈是否在 80～120 及 ZN 是否在 60～90，若否，则进行调节。

⑥ 用手感知机器臂两个方向的阻力，若毫无阻力，则调节更换皮带。

流程图见图 14.2。

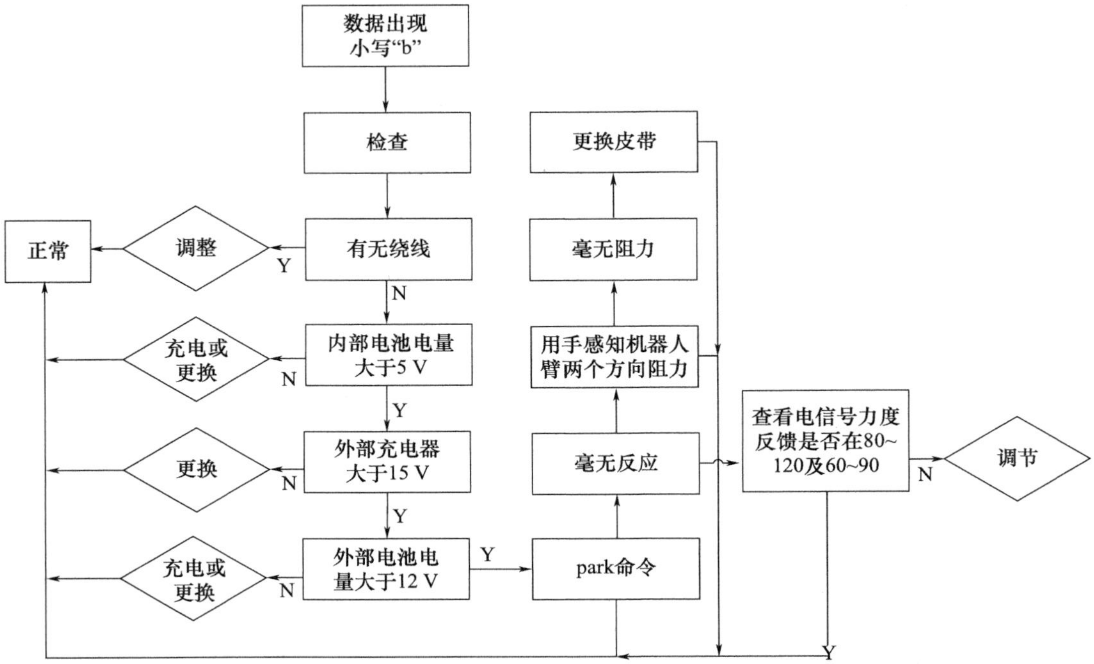

图 14.2　CE318 太阳光度计出现小写"b"报错解决流程图

14.4　AE33 检测板、电源板维修测试分析

AE33 故障表征：阀门报警，腔室报警。

故障分析：检测板、电源板测试。

刚开机状态如图图 14.3 至图 14.6。

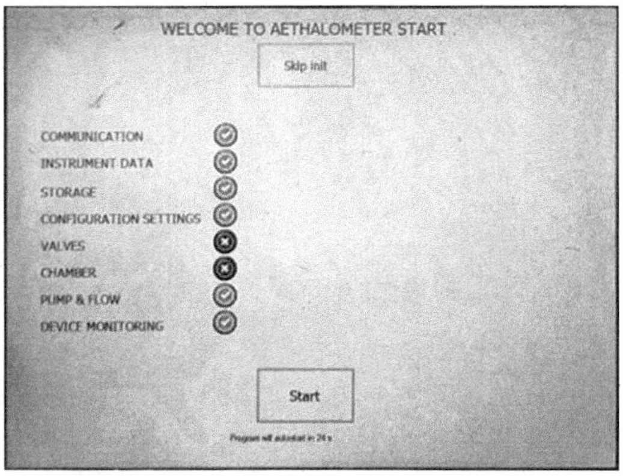

图 14.3　阀门及腔室报警

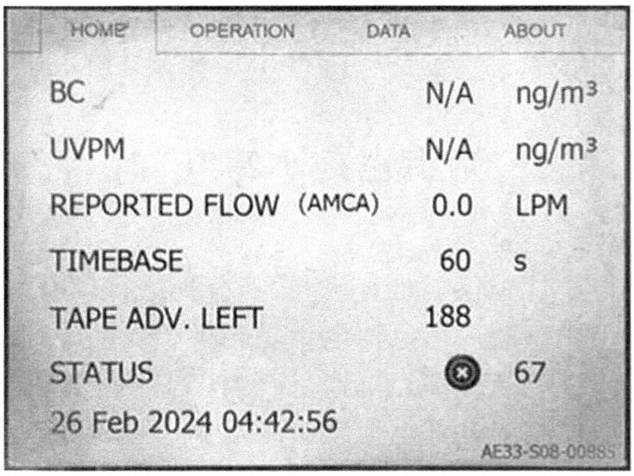

图 14.4　仪器状态报警代码

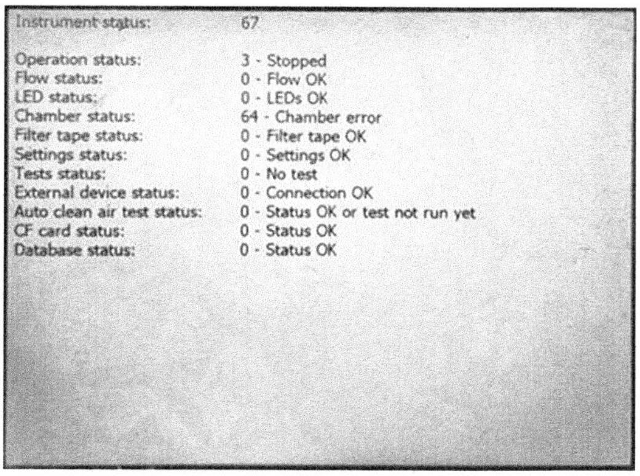

图 14.5　腔室报警代码及停止状态代码

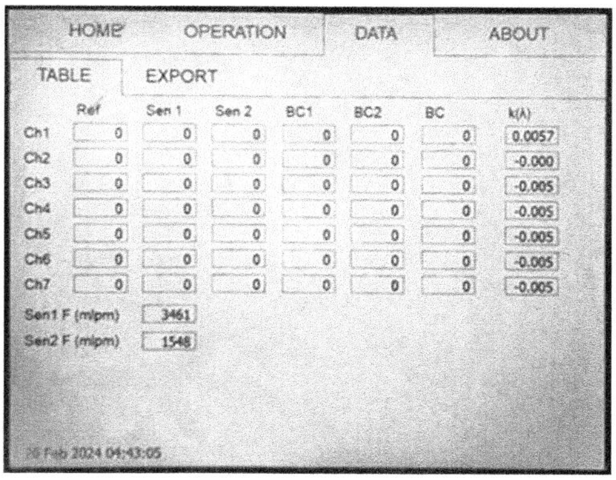

图 14.6　无数据

运行 20 min 状态如图 14.7 至图 14.12。

经过测试对比发现，AE33 电源板供电异常，导致仪器开机运行出现报警信息状态，检测板异常导致 TABLE 无数据出现，上述情况问题需更换 AE33 电源板以及检测板。

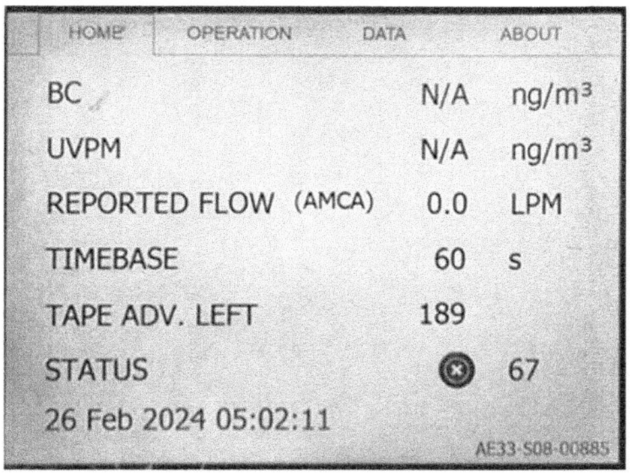

图 14.7　仪器状态报警代码

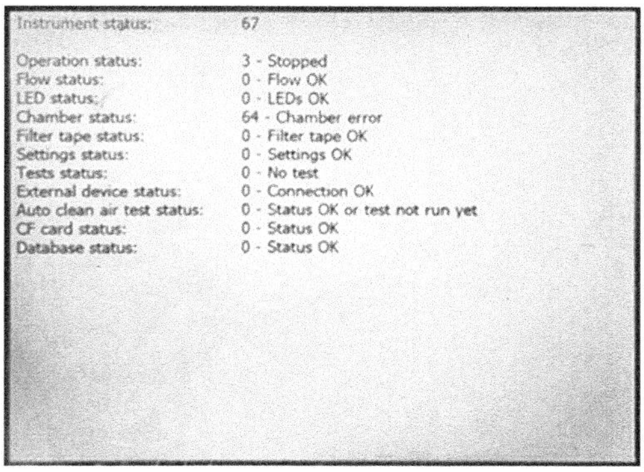

图 14.8　腔室报警代码及停止状态代码

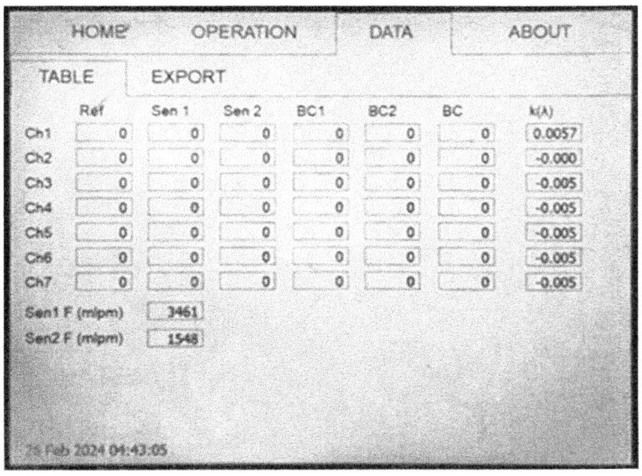

图 14.9　无数据

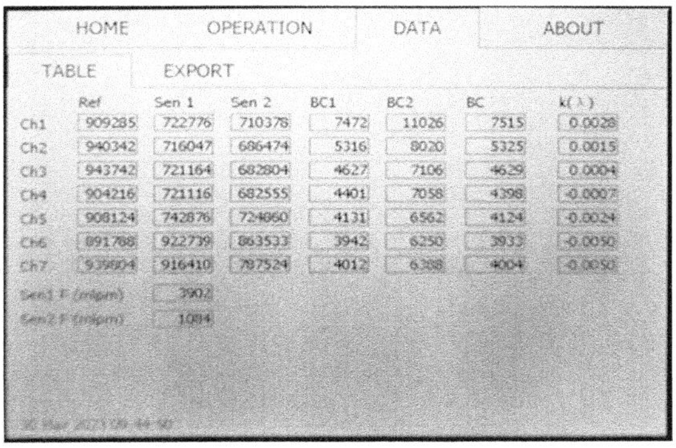

图 14.10　正常数据

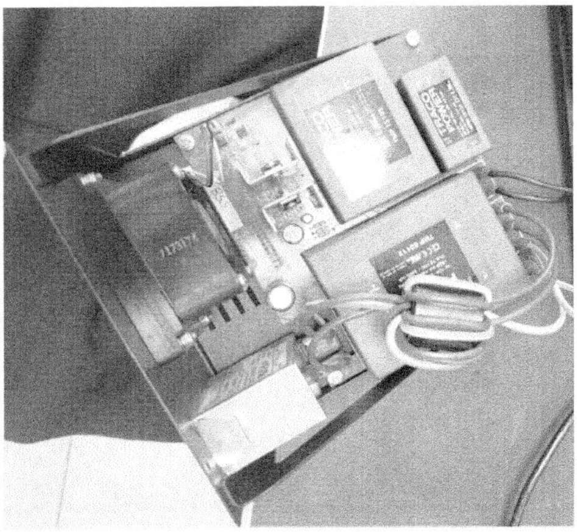

图 14.11　AE33 电源板

图 14.12　AE33 检测板

酸雨观测业务篇

第15章 酸雨观测业务总则

酸雨是因人类活动(或火山爆发等自然灾害)导致区域降水酸化的一种污染现象,对公众健康、工农业生产、生态环境以及全球变化都有重要的影响。

酸雨观测是气象业务工作的重要组成部分,是气象台站的基本任务之一,为研究酸雨的时空分布及其长期变化趋势提供宝贵的科学数据,为治理大气污染和防治酸雨提供重要科学依据,是服务于可持续发展战略和环境保护等国家决策的基础性工作。

新疆维吾尔自治区气象局目前布设酸雨观测任务站点共计7个(巴州、和田、哈密、喀什、伊犁、克拉玛依、乌鲁木齐),均属于国家级酸雨观测站,构成了新疆主要城市的酸雨观测站网。目前,7个站点均已升级为酸雨自动观测系统(升级时间为2022年6月1日),升级后自动观测设备均采用浙江恒达仪器仪表股份有限公司生产的TCYI 1型酸雨自动观测设备。

15.1 术语与定义

酸雨:pH值小于5.60的大气降水(大气降水的形式包括液态降水、固态降水和混合降水)。

酸雨观测:在固定地面站点系统地采集降水样品,测量大气降水pH值和大气降水电导率,提供可进行化学成分分析的降水样品。

大气降水pH值:大气降水氢离子活度的负对数。

大气降水电导率:大气降水导电能力的度量,是电导测量池中通过大气降水样品的电流密度与施加其上的电场强度之比。

标准缓冲溶液:有一定的缓冲容量、抗稀释能力和确定的pH值的缓冲溶液。

15.2 观测项目及时制

15.2.1 观测项目

酸雨自动观测项目包括:降水pH值、电导率。

15.2.2 观测时制

酸雨自动和人工观测均采用北京时,每24 h采集一个降水样品,即采集周期为当日北京时08时至次日08时。

15.3 观测任务要求

① 维护观测场地，保护周边探测环境，填写、上报酸雨观测站环境报告书，保持酸雨观测实验室环境清洁卫生。

② 正确安装、使用和维护仪器设备，定期进行巡检、维护和标校，及时发现解决设备故障，确保仪器设备正常运行。

③ 采集酸雨自动观测数据、现场质量控制信息以及其他相关信息，记录与观测业务相关或可能对观测业务造成影响的各种事件和活动，填写酸雨巡检记录簿等。

④ 各观测站应监视本站观测资料的传输情况，省级监控部门应监视本省各观测站资料的传输情况。

⑤ 按要求寄送降水样品，或对降水样品进行除pH值与电导率以外的其他项目的测量。观测数据记录须真实、及时、详尽、规范。

⑥ 按要求参加和开展酸雨观测业务质量考核。

⑦ 建立、健全酸雨自动观测值班制度、流程以及仪器和化学试剂的安全使用管理制度，以及观测工作质量的检查制度。台站结合本站实际，健全、细化站内酸雨观测工作制度、流程。

15.4 观测任务质量管理及考核

15.4.1 质量控制

各台站应在每年年初，检查前一年各酸雨观测站本年度的降水pH值、电导率值质量控制指标(站外复测上、下限和站内复测上、下限)上、下限是否更新。

15.4.2 复测

当某次观测的pH值或电导率值(3次读数的平均值，下同)超出当年站内复测上、下限的范围时，自动观测设备应立即启动复测程序，对pH值和电导率进行复测，并在该记录页的备注栏中注明“已复测”。

当某次观测的pH值或电导率值超出站外复测的上、下限范围时，除了进行站内复测外，还应将该样品的未测部分保留，并转移至洁净的聚乙烯瓶内，密封后，寄送中国气象局指定的实验室进行pH值和电导率的复测，并在酸雨观测记录簿中注明“外送复测”。

如果所余降水样品不足以完成站内或站外复测，需在酸雨观测记录簿中注明。

复测结果视同原始记录，同样需要保存和归档。

15.4.3 业务考核

所有酸雨观测站必须参加业务管理部门定期组织的酸雨观测业务质量考核，考核不达标的台站应立即查找原因并及时解决问题，确保观测业务质量。

15.4.4 质量目标

① 数据传输及时率：大于或等于 98%；酸雨观测日资料不晚于 12 时；酸雨观测月资料不晚于 5 日 12 时。

② 业务稳定运行率（业务可用性）：大于或等于 90%。

相关信息详见《2023 年全疆气象资料传输时效检查办法》（气测函〔2023〕45 号）和《观网处关于做好 2023 年综合气象观测业务质量考核工作的通知》（气测函〔2023〕20 号）。

15.4.5 过程绩效监视与考核

新疆维吾尔自治区气象局酸雨观测业务过程绩效监视与考核项目见表 15.1。

表 15.1 新疆维吾尔自治区气象局酸雨观测业务过程绩效监视与考核项目信息表

目标名称	计算公式或方法	目标值	考核频次	监视部门
样品考核	用标准偏差法确定各观测站的考核评分等级。观测站的报告测量值在标准值±1 倍标准偏差内得 5 分，±2 倍标准偏差内得 4 分，±3 倍标准偏差内得 3 分，超出 3 倍标准偏差者得 0 分。如两个考核水样的累计得分为 8 分或以上的，考核成绩为优秀，累计得分为 6 分或 7 分的，考核成绩为合格，累计得分低于 6 分的为不合格	100%	每年	中国气象局综合观测司
酸雨观测数据传输及时率	$\frac{\text{应传文件数}-\text{逾限文件数}-\text{缺报文件数}}{\text{应传文件数}}\times 100\%$	≥98%	每月	省级信息中心

15.4.6 风险与机遇控制

新疆维吾尔自治区气象局酸雨观测业务风险项目信息见表 15.2。

表 15.2 新疆维吾尔自治区气象局酸雨观测业务风险项目信息表

风险	应对措施	执行时间	负责部门（人）	监视方法
设备维护保养不及时、测量操作不规范、填报不完整、逾限，导致样品考核不合格	至少每季度开展酸雨观测业务自查，填写《全疆酸雨观测业务专项检查表》，发现问题及时整改	每次	业务科、观测与网络处	加强沟通、及时指导、定期培训

15.4.7 年度观测样品考核

15.4.7.1 总则

为确保酸雨观测业务质量，根据《酸雨观测业务规范》和《酸雨自动观测业务规范（试行）》要求，每年 4—6 月开展全国酸雨观测质量样品考核工作。

15.4.7.2　考核样品发放

考核样品的 pH 值在 3.5～7.5，电导率不大于 500.0μs/cm。按照随机方式选取，由中国气象局气象探测中心向新疆 7 个酸雨观测站各发放(寄送)自动观测考核水样，由各酸雨观测站测量其 pH 值和电导率。

15.4.7.3　考核时间要求

各酸雨观测台站收到自动观测考核水样后，应在 1 周内使用自动观测设备完成样品测量，并测量本站所用纯水的电导率。测量时间应选在下午，在测量开始前须在地面气象观测业务软件(ISOS)中取消“自定项目参数—平行观测项目自动编发设置—酸雨”前的复选框，待酸雨考核样品测量完成后恢复软件设置。如果当天不进行测量，应将样品放入冰箱冷藏室。

15.4.7.4　考核样品测量过程及测量材料上传

(1)登录系统访问地址并填写信息

网址为：http://10.40.26.162/。填写用户名、密码登录系统，进入酸雨考核填报界面。逐级点击菜单：装备运行监控—大气成分观测—酸雨业务—酸雨考核填报。(注：当前登录用户必须是已分配过“台站大气成分角色”的用户才会有上述菜单；如没有该角色，需要通过所属台站管理员用户登录对指定用户分配角色后方可登录操作酸雨考核填报功能；给指定用户分配角色操作见步骤(4))

(2)补充完善并核准邮寄地址

当大气成分中心创建并确认提交酸雨考核单后，需开展“信息核准”，将接收国家实验室邮寄水样的地址信息(包括联系人、电话、地址)填写或补充完整并保存。邮寄地址相关信息编辑保存提交后，当考核单的状态变更为“信息已核准”状态时，台站人员继续进入“酸雨考核填报”菜单，点击“操作”按钮进行考核数据填报操作即可。

(3)省级用户审核(驳回)功能

各个县级台站将酸雨考核数据信息填报提交后，省级分配有台站大气成分角色的用户登录酸雨考核填报页面，可以看到本省指定批次的填报信息，点击“审核”按钮进入具体填报信息页面进行审核，对不符合要求或者填写有误的台站提交的考核信息进行“驳回”操作。被驳回的台站酸雨考核信息状态恢复为“测量数据未确认”，需重新填报再提交。

(4)给指定用户分配角色操作步骤说明

① 以各自台站管理员用户登录系统，选择系统设置—用户管理。

② 选择具体负责酸雨考核填报的用户，点击“配置功能角色”。

③ 打开配置功能角色弹出框后，在县级下面找到“台站大气成分角色”后勾选“保存”即可。

④ 分配权限后，再用刚才管理员分配权限的用户登录系统就可以看到酸雨考核填报菜单。

(5)填表

考核前确保台站现用和备份酸雨设备都处在正常工作状态，填写《酸雨观测仪器情况自查表》。

(6)标液和仪器准备

检查标液瓶标识是否清晰，外观有无破损、漏液现象。标液：pH4＝4.01、pH7＝6.86、pH9＝9.18、K＝146.5 μs/cm、K＝1408 μs/cm，每个标液各 1 瓶；检查标液是否在有效期内，如冷藏取出，要求温度平衡之后使用。检查设备是否有漏液、渗液现象。

(7)酸雨 pH、EC 手动校准

EC 校准：

① 将 EC 电极取出，用纯水冲洗。冲洗后用滤纸吸干剩余纯水，但不许擦拭电极内部黑色小方块。

② 用 146.5μs/cm 的校准液适量润洗电极，然后用滤纸吸干剩余标液。

③ 将擦干的电极伸入标液，轻微晃动以去除可能存在的气泡，轻点读取，查看实时数值，每 2 min 读取 1 次数值，如果数值前后差距很小，点击“EC14 校准”，显示校准中，等待界面变回“EC14 校准”，校准完成。

④ 底部状态栏无报警图标，进入查询、历史数据、事件信息与报警信息界面，显示“EC 校准”、未出现“EC 校准失败”的报警信息，说明校准成功。

⑤ 校准后读取 $K=146.5\mu s/cm$，观察测量值是否在误差范围内。

⑥ 校准后读取纯水 EC，验证 EC 低值性能，一般在 3 以下，各省份有差别。

⑦ $K=1408\mu s/cm$ 只在水样 EC 值过高时使用，日常不用。

pH 校准：

① 先将温度探头适当下移，错开与玻璃电极的横向位置，然后一起取出。

② 用纯水配合滤纸柔和擦除玻璃电极附着物质，擦拭干净温度探头上的锈迹。

③ 用纯水冲洗后擦干。

④ 用标液润洗后擦干。

⑤ 将 pH 电极和温度探头一起放入 4.01 的校准液，等待 3～5 min 后点“pH4 校准”，当“pH4 校准”变成“pH7 校准”时说明 4.01 校准通过。

⑥ 重复冲洗、润洗、擦干。

⑦ 放入 6.86 校准液，等待 3～5 min 后点击“pH7 校准”，当“pH7 校准”变成“pH9 校准”时说明 6.86 校准通过。

⑧ 再次重复清洗、润洗、擦干。

⑨ 放入 9.18 校准液，等待 3～5 min 后点击“pH9 校准”，当“pH9 校准”变成“pH4 校准”时说明 9.18 校准通过。

⑩ 底部状态栏无报警图标显示，查询历史数据、事件信息、报警信息，显示“pH 校准”、未出现“pH 校准失败”的报警信息，说明校准成功。

⑪ 查询电极数据，记录校准后的零点与斜率，观察是否在正常范围内；并与上一次电极数据对比，正常情况下，数据会发生变化。

⑫ EC 电极和 pH 电极校准成功后，分别读取各标液，观察结果是否在误差范围内。

(8)pH 电极判断

① 选择“主界面—查询—电极数据”，进入电极数据查询界面。

② pH4 零点和 pH9 零点需要在－33～48；pH47 斜率和 pH79 斜率需要 0.85～1.25。

(9)启动分析

选择“主界面—调试—输入密码 686868”，“按确定—质控样分析”。

(10)填写报告单上传

填写《全国酸雨样品质量考核报告单》，将观测员和站长签字并加盖本站公章的考核报告单扫描件或照片，作为附件上传。

(11)填报考核数据

点击“填报”对相应台站进行酸雨测量结果填报，填写测量结果以及纯水质量报告项目；点击“附件信息”按钮，完成签字扫描版本报告的上传。注意“保存”与“提交”按钮的区别。“保存”是将填报的数据保存草稿入库，并未提交确认发送至国家实验室，后续尚可编辑修改；“提交”是最终确认填报信息，提交至大气成分中心审核评分，提交后不可修改。

15.4.7.5 考核结果的公布

考核水样的标准值为该组考核样品的全部有效测量值的算术平均值。各酸雨观测站的测量值与标准值相差小于3倍标准偏差者为合格。中国气象局综合观测司会下发《全国酸雨样品考核质量通报》，考核结果为不合格的台站应向中国气象局气象探测中心申请重新邮寄样品再次测量，查找不合格的原因，并完成整改。相关内容详见《观网处关于做好第32次(2023年度)全国酸雨观测质量样品考核的通知》(气测函〔2023〕12号)。

第16章 观测场地与实验室

16.1 观测场地建设规范

16.1.1 环境条件

酸雨观测场地是用于安装降水采样设备，降水量、风速和风向测量设备，以及其他辅助设备和设施的场所。选址条件为：避开局地污染源的直接影响，远离工业区或居民聚集区；避开高大建筑物，地势平坦；位于地面气象观测场内；下垫面应有浅草覆盖，并铺设 0.3～0.5 m 宽的小路。

新建酸雨观测站，应在开展酸雨观测工作 3 个月内完成《酸雨观测站环境报告书》；已开展工作的酸雨观测站应在每年 1 月底前完成填写《酸雨观测站环境报告书》，并上报国家级和省级酸雨业务主管部门，台站应妥善保存纸质档。

16.1.2 仪器布设

按照《地面气象自动观测规范（第一版）》和《酸雨自动观测系统建设技术方案》等有关要求，安装在地面气象观测场内的设备位置为图 16.1 中⑫所在位置，布置要求如下：

① 观测场地内设备包括降水采样设备、感雨器及雨量计等其他辅助设备。感雨器应安装在自动观测设备西侧附近（间距不超过 1.0 m）的水泥底座上，感雨器感应面的高度应与采样桶盛水口的高度一致，雨量计安装在酸雨自动观测仪器南边约 1.1m 处。

② 酸雨自动观测仪器与地面气象观测间应互相不影响和便于观测操作。

③ 南北向设备间距应不小于 3 m，东西向应不小于 4 m，设备与围栏的间距应不小于 3 m。

④ 降水采样装置四周天顶方向±45°范围内不应有遮挡。

⑤ 自动观测仪器应安装在原人工降水采样位置，替代人工采样。原人工降水采样装置向西平行移动 2 m，作为自动仪器出现故障时的备份或开展平行对比观测使用。

16.1.3 仪器供电、通信与防雷条件

电源为 220（±15％）VAC，50 Hz，观测场应具有独立的供电线路供自动观测使用，供电功率不小于 2 kW。应配备具有稳压过滤功能的稳压电源或不间断电源，以保证仪器供电的电压波动不大于±5％。

① 风塔、风向风速传感器
② 前向散射能见度仪
③ 降水现象仪
④ 百叶箱、气温传感器、湿度传感器、气温多传感器标准控制器
⑤ 自动雪深仪
⑥ 闪电定位仪
⑦ 翻斗雨量传感器I
⑧ 翻斗雨量传感器II
⑨ 翻斗雨量传感器III
⑩ 翻斗雨量传感器
⑪ 称重式降水传感器
⑫ 酸雨自动观测仪
⑬ 通风防辐射罩、蒸发传感器
⑭ 深层地温传感器（40 cm、80 cm、160 cm、320 cm）
⑮ 冻土自动观测仪
⑯ 光电式数字日照计
⑰ 地面温度传感器、浅层地温传感器（5 cm、10 cm、15 cm、20 cm）
⑱ 草面温度传感器
⑲ 全自动太阳跟踪器
⑳ 辐射传感器
㉑ 天气现象视频智能观测仪
㉒ 主采集器
㉓ 降水多传感器标准控制器
㉔ 地温分采集器
㉕ 综合集成硬性控制器
㉖ 雨量器
㉗ 配电箱

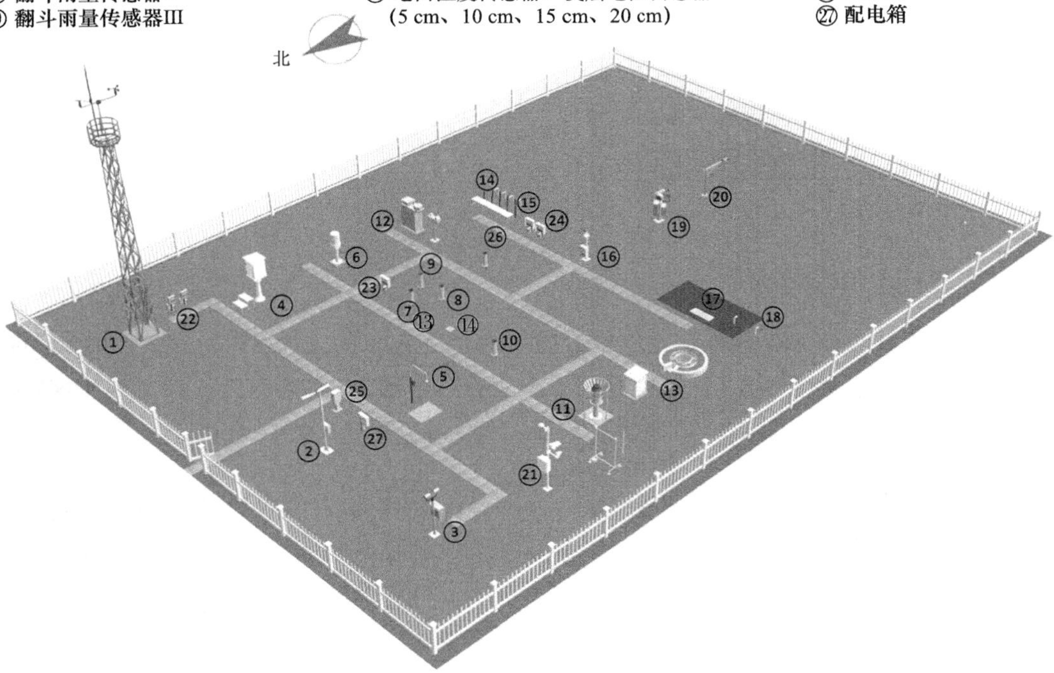

图 16.1　观测场酸雨观测仪器布置图

按《地面气象自动观测规范（第一版）》的有关要求建设管线地沟，须敷设供电、通信等线缆，并做到防水、防鼠和便于检修、维护。

设备以 RS232 串口的通信方式，通过数据综合控制器和地面综合观测业务软件台站地面气象观测业务软件进行通信。

16.2　实验室建设规范

16.2.1　环境条件

酸雨观测实验室是进行降水采样准备、对降水样品进行分析的场所，其基本要求是：

① 墙面和地面光洁，不起尘，防震、防晒、防腐蚀。

② 实验室面积不小于 10 m²，应留有开展仪器比对的空间。分析单元放在操作台旁边，四周应留有至少 60 cm 的维护和检修空间。

③ 具备稳定的220 V交流电源，电压波动应小于10%，供电功率不小于2 kW；必要时，应配备稳压电源和不间断电源。

④ 室内温度应全年控制在10～30 ℃。

⑤ 安装通风或空调设备，避免潮湿，不得使用震动和强电磁干扰设备。

⑥ 实验室应注意防火和安全。

16.2.2 设备配备

酸雨观测实验室应按下列要求配备必需的工作设施：

① 配备给排水设施、水池等设施或装置，便于器皿洗涤。

② 测量分析专用工作台。高度0.7～0.9 m，面积不小于0.6 m×1.2 m，台面应具有耐腐蚀性，铺厚度为0.1 cm以上塑料板或橡皮板，安置应稳固、水平，且应避开太阳直射。距工作台0.5 m的范围内须有固定的电源插座。

③ 专用采样桶工作台。除无固定电源插座外，其余要求同上。

④ 贮藏柜，用于存放化学试剂和仪器备件等。

⑤ 冷藏电冰箱，用于存放降水样品等。

⑥ 专用工作服(白大褂)。

第 17 章 岗位职责与规章制度

17.1 岗位职责

相关信息详见《酸雨观测业务规范》(气发〔2005〕88 号)和《酸雨观测业务规章制度(试行)》(气测函〔2006〕278 号)。

17.1.1 值班员岗位职责及制度

严格执行酸雨自动观测业务规范、各项规章制度和相关技术规定,保质保量完成各项工作任务,及时、准确获取酸雨现测资料。

17.1.2 业务分管 A、B 岗岗位职责

① 建立仪器、试剂、器皿等入库登记制度,做到账物一致,账目清楚,保管好仪器、器皿、试剂和溶液等,防止损坏、丢失、变质和交叉污染;做好试剂、器皿等耗材的储备工作。

② 负责仪器维护保养,定期更换电极,仪器设备发生故障及时排除或送修,确保设备运转正常。

③ 工作变动时,全部仪器、试剂、器皿、账簿等要当面移交清楚,双方签字以示负责。

④ 负责完成每年酸雨考核任务;负责自动酸雨观测系统的建设及数据传输工作;负责自动酸雨观测仪器校准、检定工作,相关备件的购买等工作。

⑤ 负责酸雨数据备份、相关资料的整理、存档工作,要达到符合台站级随机检查归档资料的要求;负责酸雨日常数据上传、数据准确性等工作的监督检查;负责与酸雨相关的文件反馈工作;酸雨相关的技术培训工作。

17.2 规章制度

17.2.1 酸雨观测值班制度

17.2.1.1 实验室安全卫生

① 面积不小于 10 m^2,墙面和地面光洁,不起尘。配备上、下水管道,便于器皿洗涤。

② 具备稳定的交流电源,配备功率不小于 500 W 的稳压电源。室内温度应全年控制在

10～30 ℃。

③ 除工作人员外，其他人员未经许可不得进入实验室内；实验室内严禁吸烟，不得将食物、饮料带进实验室；不得在实验室内会客、堆放杂物。

④ 实验室须配备安全设施，消防器材要妥善保管，不得随意挪用、挪动。

⑤ 进行测量时要注意清洁卫生，测量前要洗手；测量器皿要放置在规定位置，不得随意堆放，用后要洗净再放回原处。

⑥ 化学试剂要有专人保管，分类存放，安全使用，避免交叉污染；取用化学试剂的药匙、量杯等必须分类专用。

⑦ 测量结束后，应立即擦拭和清洗实验器具、器皿，清洁工作台面，清扫地面，以保持实验室的整洁，做到室内无尘。

⑧ 下班时要有专人负责关好门窗、水龙头、电源开关等；发生意外情况时，应迅速切断电源、火源，采取有效措施及时处理并逐级上报。

17.2.1.2 酸雨设备日常维护

在业务运行中，应做好日常巡视、维护工作。有关要求如下：

① 检查是否有报警，检查采样桶盖关闭、打开状况，采样袋密封情况。

② 检查纯水、标准缓冲溶液、电导率校准溶液、电极保护液状况等。

③ 发现仪器有蜘蛛网、鸟窝、灰尘、树枝、树叶等影响数据采集的杂物，应及时清理。

④ 检查数据上传情况。

⑤ 发现异常或数据错误应及时处理，查明原因，开展维护或维修工作。

⑥ 按照规定上报时间及时上报质量控制图、环境报告书、月报表和样品考核结果工作。

17.2.2 设备、器材及使用管理制度

① 酸雨观测设备应由专人管理、维护，确保仪器处于良好的工作状态。

② 仪器及备件的拆箱、验收、安装和调试应由经过业务培训的人员承担。

③ 建立酸雨观测各类仪器和备品备件登记册，详尽记录仪器名称、型号、规格、数量、使用损耗、校准及备品备件购买数量、日期、更换、使用情况等。

④ 备品备件应在固定位置放置，不得随意搬动，不使用时要罩上洁净的棉布仪器罩。

⑤ 酸雨观测使用的人工 pH 计和电导率仪使用后应及时擦拭并复原，放在固定位置。不得随意拆卸、改装仪器，也不得挪作它用。

⑥ 应定期对仪器的性能进行检查或校准。每年定期更换新的 pH 复合电极，电导电极的正常使用期为两年，到期必须更换。如发生明显的电极污染、表面损伤、故障等情形时，应及时更换。电极的更换、出厂日期等应记录在酸雨巡检记录簿的备注栏中。

⑦ 建立常用化学试剂的保管制度。化学试剂应放在贮藏柜内，贮藏环境应干燥、通风，避免阳光直射。

⑧ 化学试剂和物品应分类存放，且有固定位置，不得混装、混放，以免拿错或互相污染。取用试剂后，试剂瓶仍需放回原处，未用完的试剂不能倒回试剂瓶中。

⑨ 新购置的化学试剂应储存在原试剂瓶内。配制的化学试剂应盛放在有密封塞的试剂瓶中密闭保存，并在试剂瓶外上部贴上注明试剂内容的标签，标签要书写工整，使用防水标签以防受潮脱落。

⑩ 严禁使用过期失效的试剂，使用后的废试剂应进行中和后做深埋处理，不可随意倾倒，以免污染环境。

⑪ 酸雨观测站可根据本地降水 pH 值的变化范围，选择配制或购买标准缓冲溶液。降水的 pH 值常年低于 7.00 的测站，应选择配制或购买酸性和中性标准缓冲溶液。降水的 pH 值常年高于 7.00 的测站，应选择配制或购买碱性和中性标准缓冲溶液。

⑫ 标准缓冲溶液应使用容量瓶进行定量配制。标准缓冲溶液的使用和保存时间最长为 3 个月。保存时，应放置在洁净、无阳光直射的地方，或放在 4～10 ℃的冰箱内。

⑬ 严禁使用出现浑浊或沉淀的标准缓冲溶液。

⑭ 配制试剂和分析操作中清洗器皿须使用纯水，其电导率应小 10 μS/cm。纯水须保存在专用容器内，盖好盖子，以减少与空气直接接触，并放在阴凉、无阳光直射的地方，避免受热。

⑮ 酸雨观测站须每月定期测量本站所使用纯水的 K 值，更换纯水时也须测量其 K 值，测量结果应在 MDOS 系统和酸雨观测记录簿里进行备注。

⑯ 各种器皿和器具均不得挪作它用，在使用后应及时清洗、干燥或擦拭，分类放置，保持清洁，使用玻璃器皿时要轻拿轻放。

第 18 章　降水样品采集及测量

18.1　降水样品自动采集测量

酸雨自动观测系统是指自动进行降水采集、样品处理和 pH 值、电导率测量的仪器设备和设施，包括“一体式”和“分体式”酸雨自动观测分析仪器、辅助气象观测设备等。“一体式”设备适用于全年最低温在－10 ℃以内的地区和站点，根据新疆的气候特点，新疆维吾尔自治区气象局 7 个酸雨观测站使用的酸雨自动观测系统为“分体式”。

“分体式”酸雨自动观测系统：自动降水采样器根据感雨器的信号，打开或关闭降水采样桶盖，自动采集降水样品。由观测人员对降水样品进行检查、处理，并将其转移到降水样品自动分析仪，启动降水样品自动分析程序，自动完成降水样品 pH 值、电导率的测量及数据传输。

按照《地面气象自动观测规范（第一版）》布设酸雨自动观测系统，“分体式”的酸雨自动观测系统降水采样器安装在室外，自动分析仪安装在室内。数据综合处理软件安装在观测室内的计算机中。其采集到传输流程见图 18.1，具体步骤要求如下：

① 北京时 08 时观测人员到观测场收取前一日的降水样品后，更换上新的采样袋，将采样桶平稳放置，按压“一键抽气”按钮，使采样袋吸附在采样桶内壁。

② 降水样品拿回酸雨实验室后，首先对降水样品进行检查，观察其颜色、浑浊程度以及是

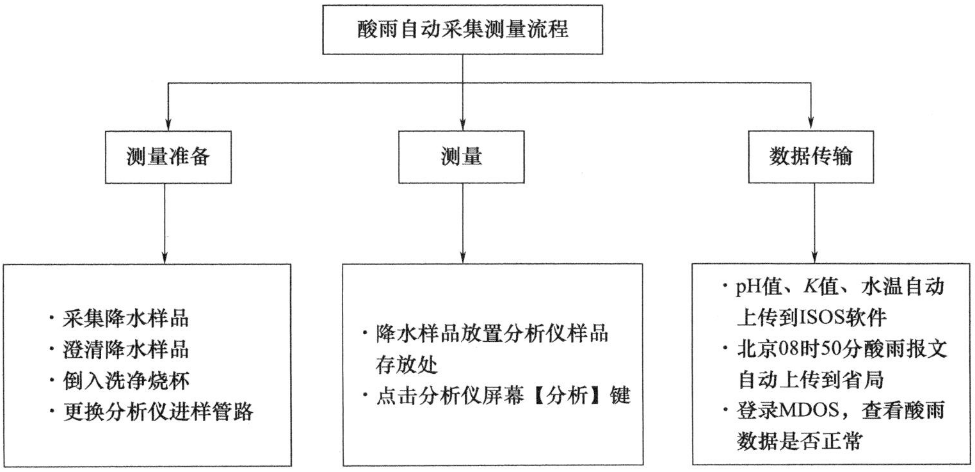

图 18.1　酸雨观测自动采集测量上传流程

否含有昆虫、树叶、尘土等杂物。若有杂物，应用洁净的镊子将大块的杂物取出，再视降水样品的浑浊情况，静置，使浑浊物沉淀。静置一段时间使得样品温度与室温相接近时，再将澄清的样品转移到之前用纯水洗净的烧杯中。

③ 查看酸性、碱性及中性标准缓冲溶液和 EC 校准液是否充足。

④ 将装有降水样品的烧杯放置在室内分析仪的样品存放处，更换好进样管路，一键开启分析仪测量功能，分析仪即可对降水样品的 pH、EC 及水温进行测量。将获取的自动降水采样器和降水样品自动分析仪的观测数据和信息生成并传输酸雨观测数据记录。

⑤ 将降水样品的受污染程度和混入杂物的类型等在酸雨巡检记录簿备注栏内备注。

18.2 降水样品人工采集测量

酸雨人工观测从采集到传输流程见图 18.2，具体步骤要求如下：

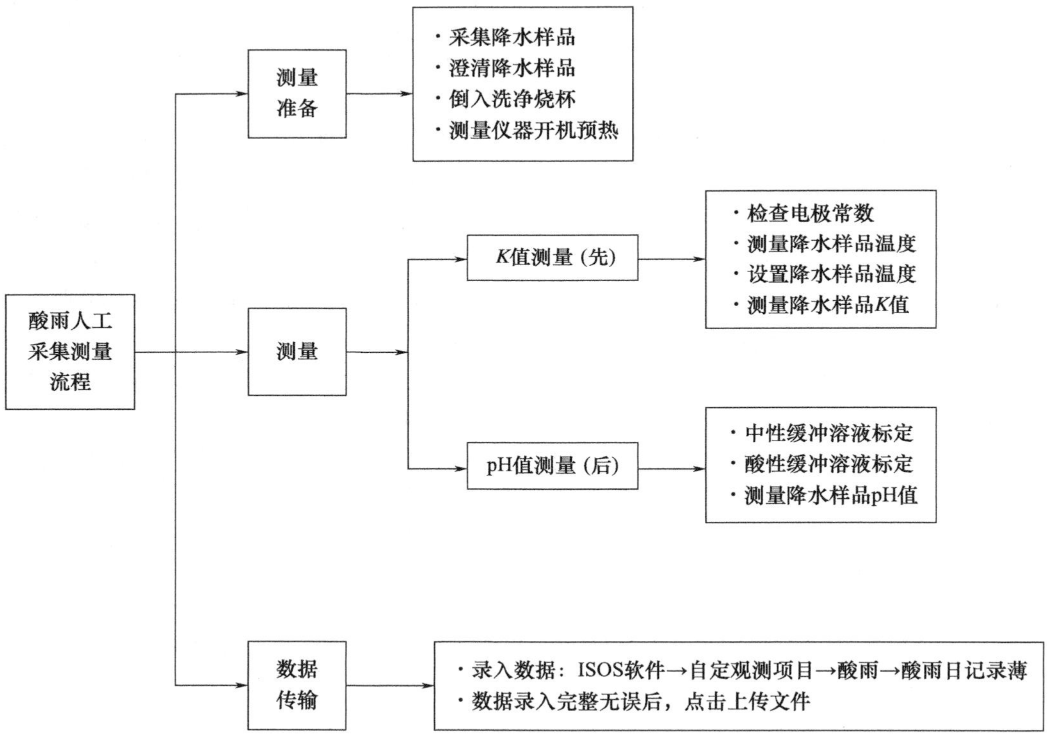

图 18.2 酸雨观测人工采集测量上传流程

18.2.1 降水样品人工采集规范

18.2.1.1 降水采样要求

在 1 个降水采样日内，无论降水是否有间歇及间歇长短，降水量达到 1.0 mm 时，应采集 1 个降水样品；1 个降水采样日内，只有 1 次连续降水过程，只采样 1 次，采集 1 份降水样品；1 个降水采样日内有数次降水过程，应使用同一个降水采样容器进行多次采样，合并为1个降水样品。

18.2.1.2 降水采集步骤

(1)降水采样容器的准备

降水采样容器的准备工作应在酸雨观测实验室内进行。

用采样桶采样时，先用纯水荡洗采样桶2次，倒净残留的纯水，再用少量纯水清洗桶盖，盖好桶盖备用。在准备降水采样容器的操作中，操作者应戴一次性聚乙烯薄膜手套，不得用手和其他物品接触采样容器的内表面。

(2)安放降水采样容器

应在每次降水开始时刻，将备好的采样容器安放在采样架上，打开盖子开始采样，不得在没有降水时或降水前打开盖子等待采样。观测人员安放降水采样容器时，应从下风向或侧风向接近降水采样设备。安放好降水容器后，应将取下的桶盖带回观测实验室内保存，防止污染，以备收取采样容器时使用。

(3)收取降水采样容器

每次降水结束后或降水发生间歇时，及时收取采样容器。日界结束时刻应收取降水采样容器。观测人员收取降水采样容器时，应从下风向或侧风向接近降水采样设备，先将桶盖盖好，将降水样品连同采样容器带回实验室。

18.2.1.3 降水采样记录

每次安放或取回采样容器时，应在酸雨观测记录薄上记录安放、取回的时间。

18.2.1.4 降水样品的测量准备

降水样品采集后，立即开始测量前的准备工作，并于4 h内完成降水样品的测量。降水样品测量的准备工作包括降水样品的转移、温度平衡以及测量仪器的开机预热。

温度平衡：对于固态降水样品，应将采样桶加盖放在室内，待其自然融化后，再转移至烧杯内，如果室内温度较低，可将采样桶放置在不超过30 ℃的温水中加速融化。禁止放置在暖气、火炉上烘烤。

降水样品转移：先用少量降水样品清洗烧杯1～2次，再将降水样品转移至烧杯中，待水温与室温平衡后，应立即测量。平衡时间不应超过2 h，样品温度平衡时，应在烧杯的上口处覆盖洁净的表面皿，以防灰尘污染降水样品。

18.2.1.5 降水样品的测量顺序

正常情况下，应将降水样品分成2份，分别测量降水pH和降水电导率。如果降水样品量较少，只能使用同一份降水样品测量时，先测电导率，后测pH。降水样品少于30 mL，确实无法完成测量时，可以弃去，但是应在酸雨观测记录薄中注明。

18.2.1.6 降水样品的贮存和运送

需要贮存和运送降水样品时，应将未测量的降水样品装入清洗过的聚乙烯瓶中，拧紧瓶盖后，在标签上注明采样地点、日期、时段和降水量等。降水样品应保存在4～10 ℃冰箱内，长期贮存时，应先用干净的滤膜过滤后再贮存，最长贮存时间不宜超过3个月。降水样品应放在温度不超过10 ℃的保温箱中运送，每个月运送一次降水样品至乌鲁木齐沙漠气象研究所。

18.2.2 降水样品人工测量操作步骤

18.2.2.1 降水样品电导率(*K* 值)测量步骤

① 打开电导率仪电源开关,预热至少 30 min。

② 仪器首次使用前或更换电导电极时,必须根据电极上所标的电极常数进行设置:"电极常数"选择"10""1""0.1""0.01",若电导电极标贴的电极常数为"1.010",则选择"1"并按"确认"键;若电导电极标贴的电极常数为"10.10",则选择"10"并按"确认"键。再按"常数数值▽"或"常数数值△",使常数数值与所用的电导电极常数相一致,按"确定"键;最后按"测量"键使仪器进入电导率测量状态,并在以后的操作中不再碰触它。

③ 用纯水清洗电极,再用洁净的滤纸吸干电极的水滴,清洗 3 次。

④ 取 2 个 50 mL 烧杯用降水样品原液涤荡,然后各倒入大半杯原液,其中 1 杯用于测量降水样品的温度,利用 pH 计的温度传感器或使用温度计测出降水样品的温度,在测量状态下,按电导率仪的"温度"键,将温度调整为降水样品的温度,按"确定"键完成降水样品温度的设置。

⑤ 另一杯用于测量 *K* 值,将电极侵入降水样品原液液面以下,不可与烧杯底和烧杯壁碰触,轻轻摇晃杯子 2~3 圈,待读数稳定后,在显示屏上读取并在酸雨记录薄上记录 *K* 值,保留 1 位小数,该数值即为 25 ℃的标准值。如此重复读取和记录 3 个相对稳定的 *K* 值。

⑥ 将电导电极从降水样品原液中移出并用纯水清洗,用滤纸吸干残液,清洗 3 次。再将电极浸泡在纯水中。

⑦ 将 pH 计测温探头从降水样品中移出并用纯水清洗,用滤纸吸干残液,清洗 3 次。

⑧ 关闭电导率仪及 pH 计电源,清洗器皿,则降水样品 *K* 值测量结束。

18.2.2.2 降水样品 pH 值测量步骤

① 打开 pH 计电源开关,预热至少 30 min(预热时一定把通气孔塞子拔下,使电路处于通路状态)。

② 小心地取下 pH 复合电极下面的盖帽,放在不易碰到的地方。

③ 用纯水将复合电极和测温探头洗净,并用滤纸将其表面的残液吸干,清洗 3 次。

④ 取用纯水洗净的 50 mL 烧杯 1 个,倒入 2~5 mL 中性标准缓冲溶液进行涤荡,然后再倒入大半杯的中性标准缓冲溶液,将复合电极和测温探头同时浸入该溶液中,复合电极的玻璃泡必须完全浸在液面以下,轻轻摇晃杯子 2~3 圈。

⑤ 待读数稳定后按"定位"键,仪器提示"Std YES"字样,仪器自动识别并显示当前温度下的标准 pH 值,按"确定"键完成一点标定,读取温度值,从标准 pH 值表中,查出该温度下标准缓冲溶液的 pH 值,仪器显示数据与表中查出的标准 pH 相同,记录温度值和查出的标准 pH;若不相同则需要查找原因并重新标定。

⑥ 将复合电极和测温探头移出烧杯,再用纯水将复合电极和测温探头洗净,并用洁净的滤纸将其表面的残液吸干,清洗 3 次。

⑦ 取洗净的 50 mL 烧杯 1 个,倒入 2~5 mL 酸性标准缓冲溶液进行涤荡,然后再倒入大半杯的酸性标准缓冲溶液,将复合电极和测温探头同时浸入该溶液中,复合电极的玻璃泡必须完全浸在液面以下,轻轻摇晃杯子 2~3 圈。

⑧ 待读数稳定后按“斜率”键，仪器提示“Std YES”字样，仪器自动识别并显示当前温度下的标准 pH 值，按“确定”键，完成两点标定，读取温度值，从标准 pH 值表中，查出该温度下标准缓冲溶液的 pH 值。仪器显示数据与表中查出的标准 pH 值相同，记录温度值和查出的标准 pH 值；若不相同则需要查找原因并重新标定。

⑨ 标定完成后，取约 10 mL 降水样品洗涤复合电极和测温探头，若降水样品较少，改用纯水洗涤复合电极和测温探头，并用洁净的滤纸将其表面的残液吸干。

⑩ 用纯水涤荡 50 mL 烧杯，再倒入 30 mL 降水样品，将复合电极和测温探头同时浸入至液面以下，不能碰触烧杯壁和底部，轻轻摇晃烧杯 2～3 圈，如果显示的温度与校准所用缓冲溶液温度相差大于 2℃，应取出复合电极和测温探头，继续等待样品的温度平衡到与校准所用缓冲溶液温度的差值≤2℃时，再重新将复合电极和测温探头同时浸入液面以下，轻轻摇晃烧杯 2～3 圈。待读数稳定后在显示屏上读取并在酸雨观测记录薄上记录 pH 值，保留 2 位小数。如此重复读取和记录 3 个相对稳定的 pH 值。然后，读数、记录完毕后，关闭电源，拔下电源插头。最后，清洗复合电极和测温探头并用滤纸将其表面的残液吸干，清洗 3 次。将电极的盖帽套上。

第 19 章　酸雨报文编发与数据文件

19.1　酸雨日报文编发

自动酸雨观测台站 08 时将室外水样取回室内进行自动测量，采集数据自动入库 ISOS 软件，酸雨报文 08 时 50 分进行自动上传。值班员需对 MDOS 酸雨数据进行检查，如有疑误，及时补发更正报，酸雨报文须每日 20 时前完成上传。

ISOS 软件“台站参数—自定项目参数”中未设置“酸雨参数”时，进入“酸雨日记录簿”时，依次弹出“酸雨站内复测 pH 极值尚未输入”“酸雨站外复测 pH 极值尚未输入”“酸雨站内复测 *K* 极值尚未输入”和“酸雨站外复测 *K* 极值尚未输入”提示窗口。点击主菜单栏“自定观测项目—酸雨—酸雨日记录簿”，弹出交互窗口，见图 19.1。“观测日期”“初测时间”和“复测时间”会根据当前计算机时间自动读取，其中“观测日期”是以 08 时为日界显示前一天的日期，“初测时间”和“复测时间”为打开日记录簿时的计算机系统时间，可根据当时测量的时间进行修改。若数据库中有历史观测数据，修改观测日期后会自动读取。

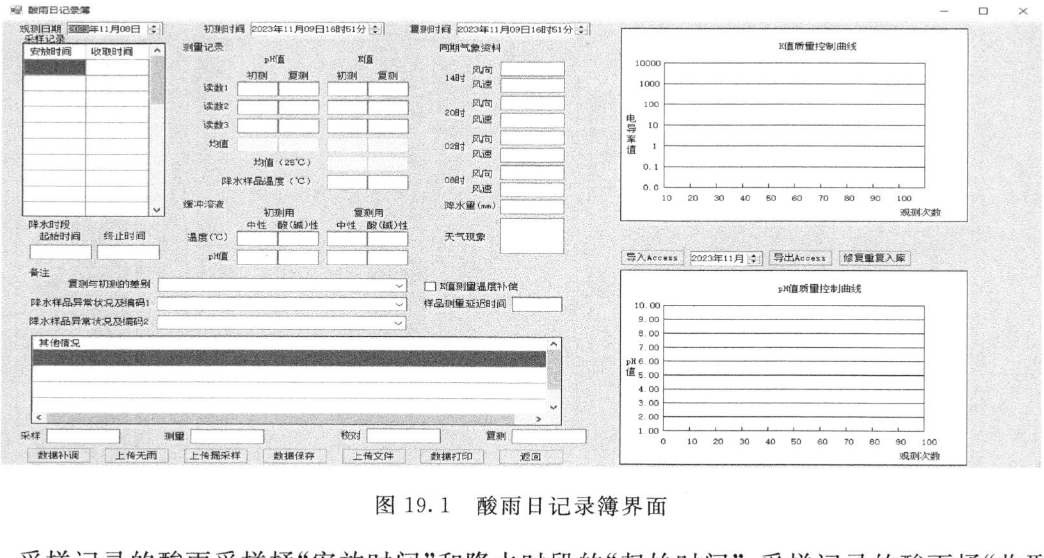

图 19.1　酸雨日记录簿界面

采样记录的酸雨采样桶“安放时间”和降水时段的“起始时间”、采样记录的酸雨桶“收取时间”和降水时段的“终止时间”默认显示为当日 08 时，应按照业务规定，并根据实际情况修改。14 时、20 时、02 时、08 时的 10 min 风向风速、降水量、天气现象等同期气象资料会从数据库中自动读取。天气现象也可以手工录入，也可以点击天气现象代码小键盘上相应的天气符号输入。（注意：采样记录安放、收取时间会自动根据天气现象起止时间和夜间酸雨桶安放收取时间自动提取，天气现象会根据观测记录自动提取，但注意人工校对）

pH 值、*K* 值、温度值均省略小数点，扩大相应倍数，以整数录入。根据电导率仪配置性能，勾选或不勾选“*K* 值测量温度补偿”，当电导率仪自带温度补偿功能的，须勾选“*K* 值测量温度补偿”。备注中的“复测与初测的差别”“降水样品异常状况及编码 1”和“降水样品异常状况及编码 2”在下拉列表中选择，“其他情况”逐条录入，可以录入任意字符。

当日无降水或出现 0.0 mm 微量降水时，应选择“上传无雨”发送报文。

上传无雨：当某酸雨采样日无降水或者微量降水（降水量小于 0.1 mm）时，点击“上传无雨”按钮，在弹出窗口中可以预览形成的报文，点击“确定”形成日酸雨数据文件并上传。酸雨报文存放在：\bin\Awsnet\AR\YYYYMM。

在降水采样日界内有降水发生时，必须在酸雨观测记录簿的有关栏内填写相应的记录。

酸雨观测记录簿上的记录一律用黑或蓝黑墨水笔填写，字迹应清晰工整。校对发现有误时，应将错误的整组记录划去，在其上方用黑或蓝黑墨水笔另行书写正确的记录，禁止涂、擦、刮、贴或字上改字、描字。

19.2 酸雨月资料数据文件的编制与上报

酸雨观测站在每月初按照《酸雨观测资料数据文件》的规定，编制上月的酸雨观测月数据文件资料（以下简称“S 文件”）。

S 文件必须经校对、预审后，在次月 5 日 20 时前上报。禁止一人包揽录入、校对和预审工作。

某月无降水或全月酸雨观测缺测时，仍应编制 S 文件，并按规定上报。

在月统计中，无论有无复测值，均以初测值进行统计。

“酸雨日记录转 S 文件”是对酸雨日记录簿中形成的全月完整数据进行转换，形成 S 文件。点击 ISOS 软件主菜单栏自定观测项目—酸雨—酸雨日记录转 S 文件，打开“酸雨日记录转 S 文件”界面。文件存放目录为“\bin\Awsnet\AR\YYYYMM\”。

19.3 酸雨环境报告书编发

《酸雨观测站环境报告书》一式 3 份。站内存档 1 份，向新疆维吾尔自治区气象局观测与网络处和中国气象局各上报 1 份。

应在酸雨观测记录簿中注明报送《酸雨观测站环境报告书》的日期。

ISOS 软件点击主菜单栏自定观测项目—酸雨—酸雨环境报告书，站名、区站号、经纬度、海拔高度等参数信息会从“台站参数”中自动读取。调整右侧的“A 文件终止年份”并选择 A 文件路径，A 文件列表中会自动显示出本站最近三年的 A 文件。点击“加载雨量、风数据”按钮，程序会自动统计降水量和风的记录。点击“导入环境示意图”，程序会将 jpg 格式的台站环境示意图加载至“采样点周围 50 m 环境示意图”窗口中。人工输入观测场土地类型及 pH 值、周围土地利用情况、污染源调查、备注以及填写、审核、站长等信息。

点击 OSMAR 软件，点击工具—制作环境报告书，导入前三年地面报表 A 文件，可自动统计降水量和风的记录。导出表格，导入环境示意图，人工输入观测场土壤类型及 pH 值、周围土地利用情况、污染源调查、备注以及填写、审核、站长等信息，确定无误保存后即可生成本站的酸雨环境报告书。

《酸雨观测站环境报告书》内容填写模板和要求详细情况见《酸雨自动观测业务规范（试行）》附录 1 酸雨观测站观测环境报告书。

19.4 酸雨数据文件

酸雨自动观测系统输出的数据文件包括：酸雨分钟数据文件、日数据文件和月数据文件。

酸雨自动观测分钟文件格式、日数据文件及月数据文件（次月 5 日 20 时前上报）见《酸雨自动观测业务规范（试行）》。

第 20 章　酸雨观测系统原理及维护

20.1　酸雨自动观测系统

20.1.1　“分体式”酸雨自动观测系统工作原理和结构

见第 18 章 18.1。

20.1.2　自动采样系统(室外机部分)

室外机部分结构见图 20.1。

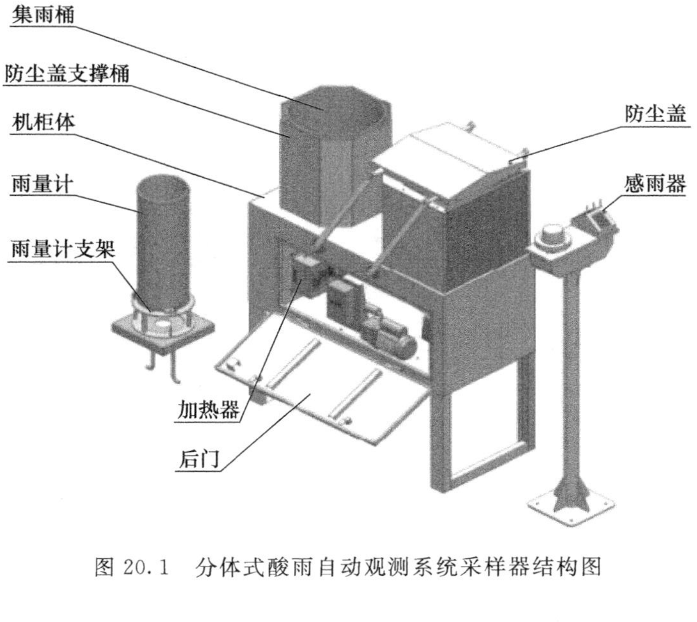

图 20.1　分体式酸雨自动观测系统采样器结构图

(1)机柜体

用于支撑集雨桶、集雨桶启闭机构、感雨器及其他部件,容纳自动降水采样器的自动控制单元。

(2)感雨器

能感应到的降水强度为 0.05 mm/min 或直径为 0.5 mm 直径的雨滴或固态降水。

(3)集雨桶

集雨桶为降水采样容器的主体,集雨桶内置降水采样袋。高度为距地面 1.4 m,集雨桶不应直接暴露在阳光下。根据感雨器的信号，开启、关闭集雨桶，开启延迟时间不多于 60 s，关闭延迟时间不多于 10 min。

(4)降水采样袋

具有较好的耐候性，在正常情况下储存三年以内无老化现象，无脆断和龟裂。

(5)加热器

设备会根据设备温度和环境温度的变化实现自动加热和降温功能。

20.1.3 自动测量系统(室内机部分)

降水样品自动分析仪主要包括：机箱，pH 电极及测量池，电导率电极及测量池，温度传感器，控制阀组，液体容器及管路，控制、记录、显示、通信单元等。室内机部分结构见图 20.2。

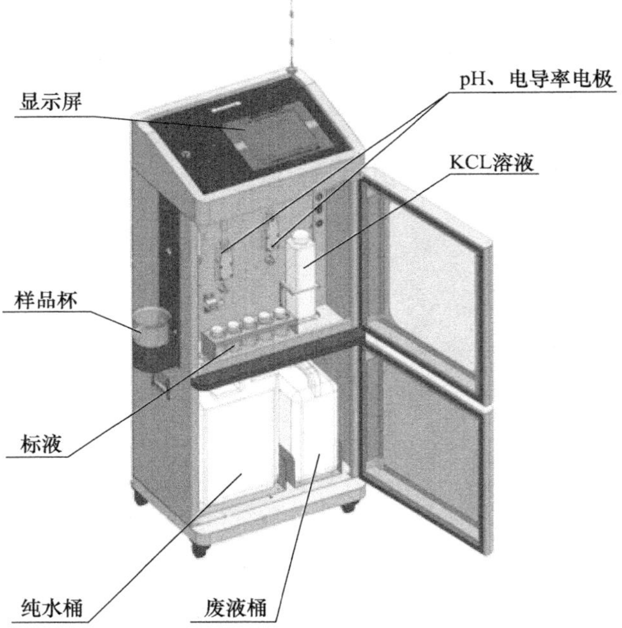

图 20.2　分体式酸雨自动观测系统分析仪结构图

(1)pH 电极

放置 pH 电极和测温探头，用纯水自动清洗。有温度传感器，实时测量降水样品温度，进行自动温度补偿。

(2)电导率电极

放置电导率电极和测温探头，可用纯水自动清洗。有温度传感器，实时测量降水样品温度，进行自动温度补偿。

(3)液体容器及管路

液体存储容器存贮降水样品、标准缓冲溶液、电导电极校准液、纯水等。便于液体加注和容器清洗，且密封性好，体积小，可清洗和更换。液体管路应排布合理，排空体积小，避免多种液体共用同一管路。

(4)样品过滤装置

在降水样品注入管路上安装孔径5～10 μm的过滤膜。

(5)管路清洗机构

通过压力注入的方式，将纯水送入pH测量池、电导率测量池及相关管路，清洗后，应用干洁空气吹扫残液。

(6)显示屏

操作软件采用通用的语言程序，便于升级，具有良好的程序容错性能，功能完整，能够完成测量程序和相关计算，并实现数据及故障信息的显示和查询。

20.1.4 酸雨自动观测系统校准及维护

20.1.4.1 电极校准操作步骤

每支电极须完成出场检验校准，首次使用时须完成现场校准。

电极正常使用中，每周用标准缓冲溶液校准进行pH电极校准，每月用电导率校准液进行电导率电极校准。

校准分为手动校准和自动校准。一般以自动校准为主，人工校准作为辅助校准方法可在自动校准出现故障或者工程师检修时启动。

手动校准操作步骤为：

① 准备100 mL标准缓冲溶液，准备洗瓶、滤纸、废液缸。启动“手动校准”功能，将pH电极取出并用纯水清洗干净，依次将电极放置在pH为4.01、6.86和9.18的标准溶液中，若读取的pH值与已知溶液的pH值偏差在±0.02以内则正常。更换缓冲溶液时须清洗干净电极。

② 准备电导率校准液，准备洗瓶、滤纸、废液缸。取下电导率电极进行清洗、擦干、放入K=146.5 μs/cm的校准液中，点击“校准”界面，进行“K=146.5 μs/cm”电导率校准。重复此操作进行“K=1408.0 μs/cm”的校准。电导率偏差在±1.0% F.S以内则正常。

自动校准操作步骤为：

准备100 mL标准缓冲溶液和电导率校准液。启动“自动校准”功能，自动完成pH校准(pH=4.01、pH=6.86、pH=9.18)，电导率校准(K=146.5 μs/cm、K=1408.0 μs/cm)。校准前一天换新的标准缓冲溶液和电导率校准液。

20.1.4.2 标准缓冲溶液配制及耗材采购

目前全疆酸雨台站自动酸雨观测设备用的标准缓冲溶液均采用购买途径，氯化钾(KCl)溶液需要各酸雨台站根据中国气象局最新下发的配置说明进行配置和保存。

氯化钾溶液配置过程如下：

① 准备好匙、称量盘、250 mL烧杯1只、250 mL容量瓶1只、玻璃棒、塑料瓶等，洗净后烘干。

② 准备好氯化钾试剂、纯水，以及精度0.1 g以上的托盘天平。

③ 计算试剂用量。此处按照配制250 mL的1 mol氯化钾溶液计算：氯化钾的分子量=74.55 g，250 mL的1 mol氯化钾溶液用量≈18.64 g。

④ 先将称量盘置于托盘天平上，读取其质量数。再从试剂瓶内用匙挖取适量氯化钾，放

入称量盘内，称取氯化钾 18.6±0.1 g。

⑤ 将称取的氯化钾全部倒入 250 mL 的烧杯内，逐次加入纯水至烧杯的 1/2 处，并用玻璃棒搅拌，至氯化钾全部溶解。

⑥ 将溶解的氯化钾小心转移到 250 mL 的容量瓶中，再用少量纯水冲洗烧杯 2～3 次，并将冲洗液也转移到容量瓶中，然后逐次加入纯水至容量瓶的刻度线，盖好瓶塞，反复颠倒振摇，使溶液混合均匀。

⑦ 将配置好的 1 mol 氯化钾溶液倒入塑料瓶中，盖好盖子，保存。

20.1.4.3 日常维护

在业务运行中，应做好日常巡视、维护工作。有关要求如下：

① 检查是否有报警，检查采样桶盖关闭、打开状况，采样袋密封情况。

② 检查纯水、标准缓冲溶液、电导率校准溶液、电极保护液状况等。

③ 发现仪器有蜘蛛网、鸟窝、灰尘、树枝、树叶等影响数据采集的杂物，应及时清理。在做酸雨日、月数据时填写状态信息。

④ 检查数据上传情况。

⑤ 发现异常或数据错误应及时处理，查明原因，开展维护或维修工作。

⑥ 填写日常巡检维护记录。

20.1.4.4 定期维护

① 定期检查、维护的情况应记入酸雨巡检记录簿中。

② 每日在天元平台中选择“设备维护维修”，找到“大气成分观测站”，填报相应的值班日志，并定期按要求填报周、月、季、年维护单情况。维护及检查要求见表 20.1。

表 20.1 维护及检查要求

序号	维护及检查内容	建议频次
1	更换采样袋	每次取样
2	更换缓冲溶液	1 周或校准前
3	更换电极校准液	校准前
4	更换纯水	1 周
5	更换 KCl 保养液	1 个月
6	检查供电设备	1 个月
7	清洗注射泵	1 个月
8	清洗测量槽	3 个月
9	清洗感雨器	3 个月
10	更换蠕动泵管	6 个月
11	检查防雷设施	每年春季
12	更换 pH 电极	1 a
13	更换电导电极	1 a
14	更换分析系统管路	2 a

20.2 酸雨人工观测系统

20.2.1 pH计校准操作步骤

每次测量降水样品前，须对pH计进行校准。如果一天内连续开机测量样品，则只需在首次测量前进行一次校准即可。如果连续开机，每24 h至少校准一次。

pH计校准操作步骤参考降水样品pH计测量步骤进行。

注意事项：从冷藏箱中取出标准缓冲溶液使用时，应将盛有标准缓冲溶液的试剂瓶放在室内2 h以上，使其与室内气温达到平衡后，方可用于对pH计的校准。严禁将盛有标准缓冲溶液的试剂瓶放在炉子或暖气上直接烘烤。

20.2.2 电导率仪校准操作步骤

电导率仪校准操作步骤参考降水样品电导率测量步骤进行。

复合电极在第一次使用前，应在纯水中浸泡24 h以上，进行活化。

在使用中，复合电极应避免用力弯曲和与烧杯等器皿碰撞，特别是复合电极顶部的玻璃探头部分不能与任何硬物接触。

在操作中，应保持复合电极插孔和复合电极插头的清洁与干燥，不得用手触摸。取下复合电极时，须将洁净、干燥的短路插头插入电极插孔，以免灰尘、湿气等进入。

不使用时，应将复合电极的玻璃探头部分套在盛有1 mol氯化钾溶液的塑料套内。

为避免由于复合电极老化影响测量的准确性，须在每年4月份定期更换新的复合电极；如发现表中描述的电极故障现象，应随时更换复合电极；投入使用时间达到一年或出厂时间达到两年（以出厂日期为准）的复合电极均应及时报废。新复合电极的更换、启用、活化情况，以及出厂日期、启用日期等应记录在酸雨观测记录簿的备注栏中。

20.2.3 标准缓冲溶液配制及耗材采购

应根据本站酸雨观测的需要，至少配制2种标准缓冲溶液。降水的pH值常年低于7.00，只需配制中性和酸性标准缓冲溶液。降水的pH值常年高于7.00，只需配制中性和碱性标准缓冲溶液。当降水的pH值变化范围较大，两种标准缓冲溶液不能满足需要时，须同时配制中性、酸性和碱性3种标准缓冲溶液。

标准缓冲溶液用容量瓶定量配制。3种标准缓冲溶液在不同温度下的标准pH值见表20.2。具体配制方法和步骤是：

① 准备好配置标准缓冲溶液所对应的化学试剂，检查包装袋上注明的试剂名称、25 ℃的pH值、配制溶液的体积和生产厂家等，包装破损或标识不清者，不能使用。

② 准备好洗净待用的150 mL烧杯和玻璃棒、250 mL容量瓶、盛有纯水的洗瓶、不锈钢剪刀、标签纸和滤纸等。

③ 取出化学试剂的包装袋，将试剂倒入烧杯中。用少量纯水冲洗包装袋的内表面，将袋中残余部分洗入烧杯，重复3次。

④ 向烧杯内加注纯水，一直到约 80～100 mL，用玻璃棒搅动直至试剂全部溶解，仔细地将溶液顺着玻璃棒转移到容量瓶内。

⑤ 用 20～30 mL 纯水清洗烧杯，并将清洗液转移到容量瓶中，如此重复 3 次。

⑥ 用洗瓶缓慢向容量瓶中加注纯水，当达到容量瓶的 3/4 体积时，用手托住容量瓶瓶底，摇动 3～4 次，使溶液混匀。然后继续加注纯水，液面接近刻度线约 1～2 cm 时小心逐滴加注，直至溶液的弯月面下凹点与刻度线相切。观察时，容量瓶要放平，目光要平视刻度线。

⑦ 盖上容量瓶盖，用一只手托住容量瓶球体，另一只手的食指按住瓶塞，大拇指和中指握住瓶颈的上半部，双手摇动容量瓶并上下倒置 5～10 次，使溶液混合，即完成配制。

⑧ 将配制完成的标准缓冲溶液转移到洗净并干燥好的试剂瓶中，贴好标签，记录标准缓冲溶液的名称、pH 值、配制时间和配制人员姓名。并将有关内容记录在酸雨观测记录簿的备注栏内。

⑨ 清洗器皿，并将标准缓冲溶液妥善保存，备用。

表 20.2　3 种标准缓冲溶液在不同温度下的标准 pH 值

温度/℃	不同标准缓冲溶液的 pH 值		
	酸性标准缓冲溶液	中性标准缓冲溶液	碱性标准缓冲溶液
5	4.01	6.95	9.39
10	4.00	6.92	9.33
15	4.00	6.90	9.27
20	4.01	6.88	9.22
25	4.01	6.86	9.18
30	4.02	6.85	9.14
35	4.03	6.84	9.12
40	4.04	6.84	9.07

第21章 仪器设备故障维修技术总结

TCY1型降水采样器故障信息见表21.1。

表21.1 TCY1型降水采样器(界面提示)故障信息列表

序号	故障内容	故障原因	解决方法
1	无纯净水	纯水水量不足	纯水桶添加纯水
		液位检测装置故障	更换液位检测装置
		液位检测装置与纯水桶相对位置偏离	调节纯水桶位置
2	无KCl	KCl溶液不足	KCl试剂瓶添加饱和KCl溶液
		液位检测装置故障	更换液位检测装置
		液位检测装置与KCl试剂瓶相对位置偏离	调节KCl试剂瓶位置
3	EC校准失败	标准溶液配置问题	重新配置标准溶液
		EC电极异常	更换EC电极
		EC测量板故障	返修测量板
4	pH校准失败	标准溶液配置问题	重新配置标准溶液
		pH电极异常	更换pH电极
		pH测量板故障	返修测量板
5	EC模块故障	EC测量板与主控板之间通信异常	检查通信线路
		EC电极异常	更换EC电极
		EC测量板故障	返修测量板
6	pH模块故障	pH测量板与主控板间通信异常	检查通信线路
		pH电极异常	更换pH电极
		pH测量板故障	返修测量板
7	多通阀故障	多通阀损坏	重新上电初始化,若故障重现,返修多通阀
8	注射泵故障	注射泵与控主板间通信异常	检查通信线路
		注射泵出口管路堵塞	清洗注射泵出口管路
		注射泵出口电磁阀故障	更换注射泵出口电磁阀
		注射泵损坏	返修注射泵
9	左限位出错	左限位开关故障	检查限位开关安装位置是否到位或限位开关是否损坏,如损坏则进行更换
10	右限位出错	右限位开关故障	检查限位开关安装位置是否到位或限位开关是否损坏,如损坏则进行更换

续表

序号	故障内容	故障原因	解决方法
11	机箱温控出错	温控继电器故障	在调试界面对其进行通断操作，观察继电器指示灯是否变化，实际动作是否完成，均无反应，则更换继电器
		主板故障	如更换继电器后，故障仍未排除，更换主板
		温度传感器故障	查看相应温度是否显示正常，如异常则更换对应传感器
12	采样桶温控出错	温控继电器故障	在调试界面对其进行通断操作，观察继电器指示灯是否变化，实际动作是否完成，均无反应，则更换继电器
		主板故障	如更换继电器后，故障仍未排除，更换主板
		温度传感器故障	查看相应温度是否显示正常，如异常则更换对应传感器
13	防尘盖温控出错	温控继电器故障	更换温控继电器
		主板故障	更换主板
		温度传感器故障	更换温度传感器
14	感雨器温控出错	温控继电器故障	更换温控继电器
		主板故障	更换主板
		温度传感器故障	更换温度传感器
15	非法开门	传感器损坏	关门后重新上电，故障仍旧产生，检修传感器

TCY1 型降水采样器室外机故障信息见表 21.2。

表 21.2　TCY1 型降水采样器室外机故障信息列表

序号	故障内容	故障原因	解决方法
1	采样盖异常	电机故障	手动进行开关盖操作，排查电机是否正常
		参数故障	超时时间设置为 60s
		电机缺少润滑油	电机添加润滑油
2	感雨器温控错误报警	加热阈值过低	重新设置加热阈值
3	采样袋抽气抽不到位	采样袋口未扎牢	扎牢采样袋口，可在 24～30 s(至少 2 次抽气)的时间内把袋子抽到与桶内壁贴牢
4	采样袋抽气时跳闸	空开电源电流较大	检查空开电源是否大于 16A
5	下雨时采样盖不开盖	主板控制故障	检查界面是否显示降雨图标
		参数配置错误	重新设置开关盖延时时间，开盖默认 15s，关盖默认 180s
		盖开关故障	检查设备是否报开关盖故障
		感雨器灵敏度问题	检查雨的大小，小雨无法形成水珠
6	下雨中采样盖来回开关	感雨器污染	擦拭感雨器
		开关盖传感器故障	更换传感器
		感雨器故障	做感雨测试，是否异常开盖，更换感雨器

续表

序号	故障内容	故障原因	解决方法
7	晴天时采样盖开盖	感雨器灵敏度故障	设置感雨器灵敏度
8	雨停后延迟时间过后采样盖不关盖	感雨器加热故障	检查感雨器加热是否异常
		感雨器污染	擦拭感雨器
9	降雨时无雨量累计或无雨时有雨量累计	雨量计内部管路堵塞	清洗雨量计内部管路
		雨量计故障	检修雨量计
		信号线松动	紧固信号线

其他故障信息见表21.3。

表21.3 其他故障信息列表

序号	故障内容	故障原因	解决方法
1	电导率为0	连接管路老化破裂	查看设备管路连接头处是否有漏水迹象。室内机各类管路是否正常，在电导槽有液体的前提下，进入校准—EC校准界面，点击电导读取按钮，查看电导率数值
		注射泵故障	在调试界面，逐一启动界面上所标注泵与阀，排查泵与阀是否正常工作，特别注意注射泵的抽水口与排水口是否能正常切换
2	pH校准不通过	pH标准液过期	更换pH标准液
		温度传感器故障	进入电极参数界面，查看pH温度是否正常
		电极转接线路故障	pH电极线跳过转接头线与线之间直连
3	自动/手动校准失败	电极与测量板连接的接插件连接错误	检查电极与测量板连接的接插件是否已去除
		通信故障	检查测量板与主板间的通信状态
4	室内机与室外机通信连接不上（无温度、仪器状态）	通信线松动	紧固通信线
		通信线线序错误	重新焊接通信线
		485通信模块故障	更换485通信模块
5	仪器报警灯响	缺纯水、KCL溶液	查询报警菜单，提示“缺纯水、缺KCl”报警信息，加满纯水、KCl，报警自行消除
		其他故障	联系厂家处理，可按消音键临时解除报警

参考文献

刘鹏，2014.温室气体在线观测系统(Picarro)常见故障与处理方法的探讨[J].青海环境，24(3):3.

王剑琼，2013.气相色谱法温室气体观测系统设备故障及处理方法[J].青海环境，23(2):5.

赵振东，2020.酸雨观测[M].北京:气象出版社.

中国气象局，2017.酸雨观测规范:GB/T 19117—2017[S].北京:中国标准出版社.

中国气象局，2020.地面气象自动观测规范(第一版)[M].北京:气象出版社.

中国气象局综合观测司，2012.大气成分观测业务规范(试行)[M].北京:气象出版社.

中国气象局综合观测司，2014.大气成分观测业务技术手册[M].北京:气象出版社.

中国气象局综合观测司，2020.酸雨自动观测业务规范(试行)[Z].